U0142491

企業永續
發展目標與實踐

從ESG走向SDG之關鍵

協合國際法律事務所

序

　　在全球關注永續發展的今天，聯合國永續發展目標（SDG）
爲我們描繪了一幅充滿希望與挑戰的未來藍圖。從能源轉型、環境
保護、綠色經濟到社會公平等多個關鍵領域，皆屬於永續發展目標
的範圍內。永續發展目標爲我們提供了一個共同的行動框架，引領
我們朝向一個更加公平、綠色且繁榮的世界邁進。

　　本事務所透過本書，也希望爲此目標略盡綿薄，在法制層面收
納了對SDG的深度解析與實踐案例。本書在企業及勞資領域上，
匯聚了對我國上市櫃公司如何實踐永續發展、綠色經濟的企業實
踐、職場健康與安全規範、企業在網路資安的探討、企業傳承信託
與公司治理、職場永續健康與安全及職場性平落實及從全球視野下
的勞資關係挑戰分析；在能源及綠色經濟議題上，對地熱專法、氫
能法制、電動車產業、躉購費率、綠能電廠證券化、長照型REITs
領域等方面的深入分析，涵蓋了SDG的多個層面。本書中的每篇
文章都涵括了對永續發展的深刻心得和實用策略，旨在知識分享，
並激勵企業在全球永續發展的浪潮中勇敢前行。

　　希望本書能爲您從法制層面提供深入淺出的知識與啓迪，幫助
各界更深入的理解並實踐聯合國永續發展目標，讓我們攜手在這條
充滿挑戰與機遇的道路上，共同書寫更加輝煌的未來篇章。

協合國際法律事務所

目 錄

第三篇　永續能源

第一篇

永續企業

◈ 我國上市櫃公司永續發展之實踐：參以歐盟《企業永續發展報告指令》

◈ 臺灣綠色經濟轉型：探討綠色金融行動方案加速企業永續發展

◈ 企業網路資安韌性之永續實踐

◈ 企業傳承信託與公司治理：以家族企業控制權為核心

我國上市櫃公司永續發展之實踐：參以歐盟《企業永續發展報告指令》

葉日青、杜春緯、胡桓

壹、問題緣起

一、全球永續發展背景

隨著工業化和全球化的加速推進，氣候變遷及貧富差距等全球性問題日益加劇。工業活動的大規模擴展與人類活動的增強，促使溫室氣體排放量急劇上升，導致全球氣候變遷。此一過程帶來的極端天氣現象，如乾旱、洪水等，不僅嚴重破壞了生態系統，也對全球人類的生存和發展構成了威脅。

同時，全球經濟之不平等問題亦在全球化的進程中更加突出。貧富差距的擴大不僅體現於各國之間，同時也體現在同一國家中，導致社會不穩定性增加，對全球經濟的永續發展構成了嚴重挑戰。

針對這些日益嚴峻的全球問題，聯合國於2015年提出了「2030永續發展目標」（Sustainable Development Goals, SDGs），旨在解決全球迫切的社會、經濟和環境問題。SDGs包括17個目標，涵蓋消除貧困、改善健康和教育、減少不平等、應對氣候變遷等多個領域，為全球之永續發展指明了方向。

二、我國永續發展現況

臺灣作為全球經濟體系中的重要一員，面臨著與世界其他國家相似的氣候變遷和貧富差距問題。由於地理位置的特殊性，臺灣常受到颱風、地震等自然災害的影響，這不僅對臺灣的環境造成了巨大破壞，也對社會穩

定與經濟發展構成了重大威脅。

此外，隨著經濟的快速發展，社會貧富差距問題也逐漸顯現，部分地區和人群未能充分受益於經濟增長，導致社會不平等的加劇，成爲臺灣未來社會穩定與經濟發展的潛在風險。

爲了應對這些挑戰，我國金融監督管理委員會（下稱「金管會」）於2022年發布的「上市櫃公司永續發展路徑圖」，要求上市櫃公司在2027年完成溫室氣體盤查，並在2029年完成溫室氣體盤查的確信。此一政策旨在促使企業減少碳排放，推動環境保護，並提升企業在社會責任方面的表現，以推動上市櫃公司在環境、社會及公司治理方面（Environment, Social, Governance, ESG）作出更大的貢獻。

貳、企業永續發展報告指令

一、企業永續發展報告指令之背景與歷史

歐盟一直以來於推動企業永續發展方面扮演著全球領導者的角色。早在2014年，歐盟就通過了《非財務報告指令》（*Non-Financial Reporting Directive*, NFRD），強制要求500人以上符合特定要求的大型企業揭露其於環境、社會和公司治理等方面的非財務資訊[1]，以確保企業在追求財務表現的同時，能夠切實履行其社會責任。然而，由於NFRD所提供之指引有限[2]，如指引不夠詳細、企業揭露信息缺乏一致性等問題，導致相關利害關係人仍難以藉由NFRD全面比較、評估企業在永續發展方面的實際表現。

爲了應對這些挑戰並進一步提升企業的透明度和社會責任，歐盟於2022年通過了《企業永續發展報告指令》（*Corporate Sustainability Reporting Directive*, CSRD），以擴大並取代NFRD之適用範圍，更是對企

---

[1]　DIRECTIVE 2014/95/EU OF THE EUROPEAN PARLIAMENT AND OF THE COUNCIL of 22 October 2014 amending Directive 2013/34/EU as regards disclosure of non-financial and diversity information by certain large undertakings and groups ("NFRD"), at art. 1.

[2]　黃朝琮，「環境、社會與治理（ESG）資訊揭露之規範——以重大性之判斷爲核心（The Regulation of ESG Disclosure: Focus on Standard of Materiality）」，臺北大學法學論叢，第122期，2022年6月，頁57。

業信息揭露的標準和要求進行了全面升級。相較於NFRD，CSRD不僅要求企業揭露更多的ESG資訊，還對報告的準確性、可比較性訂立更具體之標準，確保所有相關企業的報告具有一致性和可信度。

二、CSRD的主要適用對象

此外，CSRD的適用範圍也大幅擴大，主要適用於以下對象：

(一) 大型企業：依據CSRD，大型企業須至少符合以下三項標準中之兩項：

    1. 擁有超過250名員工。

    2. 淨營業額超過5,000萬歐元。

    3. 資產總額超過2,500萬歐元。

(二) 歐盟之上市公司。

(三) 在歐盟有重大業務但非屬歐盟會員國的企業。

三、CSRD的主要內容與要求

CSRD要求企業必須揭露其在ESG方面的詳細。這些要求包括但不限於[3]：

(一) 環境方面：企業需全面報告其應對氣候變遷的策略和措施、能源使用情況及循環經濟實踐中的成果。例如，企業需提供詳細的碳足跡數據，並說明其減碳計畫和具體措施。此外，企業還必須揭露其在水資源管理、廢棄物處理、生物多樣性保護等方面的行動和成果。

(二) 社會方面：企業需揭露其在員工福利、勞動權益、多元化及包容性等方面的政策和實施成效。例如，企業需提供員工性別、年齡、種族等多元化數據，並說明其在促進性別平等、反對職場歧視及保障勞工權益等方面所採取之措施。

(三) 治理方面：企業需揭露其公司治理結構、風險管理機制、反貪腐措施等方面的資訊。例如，企業需揭露各機構在永續發展事務中辦理之角

---

[3] Directive (EU) 2022/2462 ("CSRD"), at art. 29b.

色，及相關機構的組成、成員專業背景，以及獲取相關專業知識之途徑。

　　爲了確保揭露資訊之可比性和驗證性，CSRD要求企業採用歐盟的永續發展標準（European Sustainability Reporting Standards）進行揭露，且相關揭露訊息須進行第三方確信，旨在透過獨立的第三方審核機構，對企業所揭露的資訊進行驗證，確保企業的報告內容具有可比性、眞實性和一致性[4]。透過CSRD致力於建立一個更具責任感和透明度的企業環境，推動歐洲企業在全球永續發展議題上成爲領導者。這不僅有助於改善企業在環境和社會方面的表現，也將在全球範圍內樹立一個可持續發展之經濟模式。

四、CSRD的影響及重要性

　　CSRD的實施對企業管理和營運產生了深遠而廣泛的影響，不僅促使企業在制定經營策略時更加重視環境和社會責任，亦促使企業向永續發展方向的轉型，而提升企業的透明度。企業不再僅關注短期的財務回報，而是開始考量其在ESG的長期影響。

　　CSRD強化了企業資訊揭露的要求，使投資者能夠獲得更加全面、準確的資訊，從而做出更佳的投資決策。透過透明的ESG信息揭露，投資者可更好地識別具有良好永續發展表現的企業，從而促進資本向此類企業流動，亦鼓勵更多的企業朝著永續發展的方向努力。通過積極參與永續發展報告，企業可以向市場和社會展示其在ESG方面的努力和成就，也提升其在市場上的信任度和吸引力。

　　此外，企業的ESG表現也成爲評估其長期價值和風險的重要指標。此種評估不僅影響企業在金融市場的表現，也直接關係到企業能否持續吸引投資者的興趣和支持。具備良好ESG表現的企業，通常被視爲風險較低且更具穩定性的投資對象，這對於企業的資金成本和市場競爭力都具有積極的影響。反之，於ESG方面表現欠佳的企業，則可能面臨更高的融資成本。

---

[4]　CSRD, at art. 19a.

參、臺灣上市櫃公司永續發展之實踐

一、政策推動與落實

　　臺灣在推動企業永續發展方面，政府和監管機構發揮了至關重要的作用。金管會於2022年發布「上市櫃公司永續發展路徑圖」，為企業的永續發展提供了明確的指導方針和具體的實施要求。此政策要求上市櫃公司於特定期間內完成溫室氣體盤查及確信，並制定相應的永續發展策略和計畫。此一政策旨在促使企業減少碳排放，推動環境保護，並提升企業在社會責任方面的表現。

二、永續報告書之編製義務

　　為了落實企業之社會責任，臺灣證券交易所（下稱「證交所」）及證券櫃檯買賣中心（下稱「櫃買中心」）分別制定了「上市公司編製與申報永續報告書作業辦法」及「上櫃公司編製與申報永續報告書作業辦法」，要求實收資本額新臺幣20億元以上之上市（櫃）公司應於2023年編製其2022年之永續報告書。此外，針對實收資本額新臺幣20億元以下之上市（櫃）公司，則需自2025年起編製永續報告書。因此，編製永續報告書將自2025年起作為所有上市（櫃）公司之一項基本義務。

　　此外，為進一步提升永續報告書的揭露品質，證交所及櫃買中心除已於2023年起便開始抽查上市櫃公司的永續報告書，並提出改進建議外，為強化報告的可信度，亦於2024年起研議永續指標取得確信之可行性，並抽核確信工作底稿，檢視確信程序是否符合規範，以強化確信人員之管理。

　　再者，為接軌國際永續揭露準則，主管機關亦已於會計研究發展基金會組織架構下成立永續準則委員會[5]，旨在推動符合國際標準的永續發展報告準則，幫助臺灣企業在國際市場上具備更高的競爭力，並與全球永續發展趨勢保持一致。

---

[5]　TWSE公司治理中心，「上市櫃公司永續發展行動方案（2023年）」，https://cgc.twse.com.tw/responsibilityPlan/listCh（最後瀏覽日：2024/7/31）。

三、ESG議題之揭露

　　為使公開發行公司建立永續經營之概念並與國際接軌，除了上述方針外，金管會修正公開發行公司年報應行記載事項準則，要求公開發行公司應揭露如下列事項：

(一) 是否建立推動永續發展之治理架構。

(二) 公司各組織就永續發展之執行情形。

(三) 董事會對對永續發展之督導情形。

(四) 公司是否依重大性原則，進行與公司營運相關之環境、社會及公司治理議題之風險評估，並訂定相關風險管理政策或策略。

(五) 公司是否依其產業特性建立合適之環境管理制度。

(六) 公司是否評估氣候變遷對企業現在及未來的潛在風險與機會，並採取相關之因應措施。

(七) 公司是否依照相關法規及國際人權公約，制定相關之管理政策與程序。

(八) 公司是否參考國際通用之報告書編製準則或指引，編製永續報告書等揭露公司非財務資訊之報告書？前揭報告書是否取得第三方驗證單位之確信或保證意見。

四、ESG資訊揭露不實之風險

(一) 年報之ESG資訊

　　現行《證券交易法》並未明確對於年報中記載事項之虛偽或隱匿行為設有行政罰或其他民、刑事責任，且目前實務上亦尚未有相關裁罰或課以民、刑事責任的前例。

　　就此，有學者認為年報中如氣候等相關資訊僅具公司治理資訊之性質，非屬財務文件或業務文件，因此應無《證券交易法》第20條第2項[6]、

---

[6]　《證券交易法》第20條第2項：「發行人依本法規定申報或公告之財務報告及財務業務文件，其內容不得有虛偽或隱匿之情事。」

第171條第1項第1款[7]及第174條第1項第5款[8]規定之適用，惟若公司故意於年報上不實記載氣候相關資訊，且與有價證券之募集、發行、私募或買賣相關，並造成一般投資人因公司不實記載氣候相關資訊之行為而陷於錯誤及受有損害，使投資判斷形成過程有重大影響，則仍有構成《證券交易法》第20條第1項[9]、第171條第1項第1款之證券詐欺罪[10]。

(二) 永續報告書之ESG資訊

同前，學者亦認為永續報告書並非《證券交易法》第20條第2項所規定「發行人依本法規定申報或公告之財務報告及財務業務文件」，亦非《證券交易法》第174條第1項第5款所規定「於依法或主管機關基於法律所發布之命令規定之帳簿、表冊、傳票、財務報告或其他有關業務文件」，故應無《證券交易法》相關責任之適用，惟若公司相關人員明知ESG相關資訊不實，而仍將其內容記載於永續報告書中，由於永續報告書屬於其業務上作成之文書，故仍可能構成《刑法》第215條[11]之業務上文書登載不實罪[12]。

五、國際合作與參與

臺灣的企業在永續發展方面已積極參與國際間的合作與交流。例如，許多企業如台灣積體電路製造股份有限公司、鴻海精密工業股份有限公司等採用了Global Reporting Initiative（下稱「GRI」）和Carbon Disclosure Project（下稱「CDP」）等國際標準，通過這些標準揭露其在環境和社會責任方面的資訊，不僅提升了企業在全球市場中的國際形象，也有

7　《證券交易法》第171條第1項第1款：「有下列情事之一者，處三年以上十年以下有期徒刑，得併科新臺幣一千萬元以上二億元以下罰金：一、違反第二十條第一項、第二項、第一百五十五條第一項、第二項、第一百五十七條之一第一項或第二項規定。」

8　《證券交易法》第174條第1項第5款：「有下列情事之一者，處一年以上七年以下有期徒刑，得併科新臺幣二千萬元以下罰金：五、發行人、公開收購人、證券商、證券商同業公會、證券交易所或第十八條所定之事業，於依法或主管機關基於法律所發布之命令規定之帳簿、表冊、傳票、財務報告或其他有關業務文件之內容有虛偽之記載。」

9　《證券交易法》第20條第1項：「有價證券之募集、發行、私募或買賣，不得有虛偽、詐欺或其他足致他人誤信之行為。」

10　王志誠，「氣候相關資訊揭露不實之法律責任」，月旦法學教室，第259期，2024年5月，頁4。

11　《刑法》第215條：「從事業務之人，明知為不實之事項，而登載於其業務上作成之文書，足以生損害於公眾或他人者，處三年以下有期徒刑、拘役或一萬五千元以下罰金。」

12　同註10，頁5。

助於吸引全球投資者的關注。其中，GRI提供了詳細的報告指導，幫助企業提升報告品質和透明度，確保信息的完整性和準確性。CDP則專注於碳排放和氣候變遷信息的揭露，幫助企業識別和管理其氣候風險。

肆、結論及建議

近年來，ESG議題已經成為全球企業不可忽視的重要方向。尤其是在面對全球氣候變化、社會不平等和治理透明度等日益突出的挑戰，企業是否能夠有效應對這些問題，直接關係到其在市場中的長期競爭力和永續發展能力。通過推進ESG策略，企業不僅能滿足監管要求，還能吸引更多關注永續發展的投資者，甚至透過符合全球供應鏈的規範要求，從而在全球市場中贏得先機。

於此一背景下，雖然臺灣的永續發展仍屬於發展階段，相關法規如前述有關資訊揭露不實及虛偽相關罰則尚未發展完備，然企業除須符合臺灣本身之監管外，為進一步符合全球標準以提高能見度，並達成全球供應鏈更為嚴格的要求，推動符合全球標準的ESG策略對於企業的發展極具意義。就此，本所具備豐富的海內外法律專業知識及豐富經驗可為全球企業提供全面的服務，協助企業準備和提交與永續發展相關文件，確保其符合海內外相關法律之要求。因此，無論是面對CSRD、GRI和CDP等國際標準，還是在全球範圍內的其他合規需求，本所皆可協助為企業提供法律支援，確保企業在全球市場中的合規性和競爭力。

此外，為因應當前國際趨勢，我們建議企業應當繼續強化其ESG工作，通過借鑑國際之做法和標準，提升其在ESG方面的表現。通過採用如CSRD、GRI和CDP等國際標準，企業可以展示其在永續發展方面的承諾，提升國際形象，吸引更多全球投資者的關注。

臺灣綠色經濟轉型：探討綠色金融行動方案加速企業永續發展

廖婉君、彭穎彤、許書瑤

壹、前言

聯合國於2015年發布「2030永續發展目標」（Sustainable Development Goals, SDGs），該等SDGs中共有17項核心目標[1]，以期各國共同創建平等、包容及永續發展之環境。為落實SDGs目標12「責任消費與生產」（Responsible Consumption and Production），促進綠色經濟、確保永續消費及生產模式，臺灣金融監督管理委員會（下稱「金管會」）於2017年、2020年及2022年分別推出綠色金融行動方案1.0、2.0及3.0以接軌國際趨勢，均為達成2050年淨零排放的目標[2]，不僅可增加我國企業競爭力，亦兼顧環境永續性及深化金融業之永續發展，以建構完善的永續金融生態圈。

目前最新的綠色金融行動方案3.0建構在1.0及2.0的基礎下，在各項政策執行面上更加具體及明確化，持續導引我國金融市場及整體產業重視永續發展及淨零轉型等議題，以面對氣候變遷所帶來之挑戰。在全球化的浪潮下，我國金融業抑或企業均深受國際趨勢所影響，許多外資會將企業重視ESG（Environment, Social, Governance）的程度納入其投資決策之考量，且面對氣候變遷的危機，愈來愈多消費者亦逐漸重視企業本身是否永續環保。金融業或企業為獲得資金挹注，鞏固其市場地位，「永續發展」之國際趨勢[3]已是勢在必行。

---

[1] United Nations, "THE 17 GOALS," https://sdgs.un.org/goals (last visited: 2024/7/12).

[2] 國家發展委員會，「臺灣2050淨零排放路徑及策略總說明」，https://www.ndc.gov.tw/Content_List.aspx?n=DEE68AAD8B38BD76（最後瀏覽日：2024/7/12）。

[3] 金融監督管理委員會，「綠色金融行動方案3.0」，https://www.fsc.gov.tw/ch/home.jsp?id=616&parentpath=0,7（最後瀏覽日：2024/7/12）。

一、責任投資六大原則及綠色金融行動方案要點

聯合國在2006年成立責任投資原則組織（Principles for Responsible Investment, PRI），致力推廣將ESG因素納入機構作爲投資決策考量，除重視投資對象的獲利及成長外，亦期望透過金融機構力量促使上市櫃公司重視ESG，爲社會永續發展貢獻心力。簽署PRI之投資機構每年應如實揭露責任投資執行現況，並遵循PRI六大原則：(一)將ESG議題納入作爲投資分析及決策要素；(二)積極行使股東權利；(三)要求被投資企業均應適當揭露ESG資訊；(四)促進投資人同意及執行PRI原則；(五)建立合作機制強化PRI執行效果；(六)出具個別報告說明執行PRI進度[4]。我國主管機關亦將PRI之精神落實於國內政策與規範，金管會於2020年12月啓動「資本市場藍圖」，其中即包含引導金融事業應於投資流程及風險管理等內部控制機制納入ESG考量，並於永續報告書或公司網站發布公司定期評估報告，以利投資人獲取ESG相關資訊。

爲具體落實SDGs的理念在各產業活動中，政府首先推動「綠色金融」（Green Finance），亦即在永續發展的前提下以提供「環境效益」（Environmental Benefits）爲目標，所創建的金融商品或服務（包括貸款、債務機制、保險和投資），都可稱爲綠色金融[5]，而基於ESG所衍生出的責任投資原則，其導引金融事業及市場資金投入符合及遵循ESG指標的相關產業亦爲落實綠色金融。此外，爲達成《巴黎協定》（*Paris Agreement*）[6]所揭示的減碳目標及SDGs各項永續發展目標，金管會透過政策引導金融業及企業重視氣候及環境變遷的相關風險管理及強化資訊揭露，並將範疇擴展至涵蓋ESG面向的永續金融，逐步及分階段提出綠色金融行動方案：

---

[4] PRI, "Signatories' commitment," https://www.unpri.org/about-us/what-are-the-principles-for-responsible-investment (last visited: 2024/7/12).

[5] 此可參考G20綠色金融研究小組（G20 Green Finance Study Group）於G20 Green Finance Synthesis Report（5 September 2016, p. 3），及聯合國環境署（UNEP）之說明，https://www.unep.org/regions/asia-and-pacific/regional-initiatives/supporting-resource-efficiency/green-financing（最後瀏覽日：2024/7/12）。

[6] 《巴黎協定》是第一部針對氣候變遷且具有法律效力的國際條約。於2015年12月12日，聯合國第21屆氣候變遷大會（COP21）在法國巴黎召開，196個締約國同意採納《巴黎協定》，並於隔年（2016）11月4日生效。其主要目標是「以工業革命前的水準爲基準，將全球平均升溫控制在2℃內」，並致力達到以升溫幅度1.5℃爲上限。其他內容包括保護原始森林、碳匯、強化「損失與損害」氣候基金、提供「最不發達國家」及「小島嶼發展中國家」資金並協助技術開發，以及提升氣候韌性和復原能力等。

表1　歷次綠色金融行動方案主要內容說明

方案項次	綠色金融行動方案主要內容說明
方案1.0	2017年頒布，目標為鼓勵金融機構對綠能產業的投、融資。
方案2.0	2020年頒布，將方案1.0鎖定投資的「綠能產業」目標，擴大適用範圍至包括綠色、永續發展等產業，涵蓋環境、社會及治理面向；強化ESG資訊揭露內容及品質、加強金融機構落實氣候變遷風險管理及人才培育。
方案3.0	2022年頒布，配合我國同年頒布的「2050淨零排放路徑」，再次提升目標為「整合金融資源，支持淨零轉型」；推動金融機構碳盤查及氣候風險管理、發展永續經濟活動認定指引、促進ESG及氣候相關資訊整合及強化永續金融專業訓練等。

二、綠色金融3.0內涵及目標

　　為因應前述氣候變遷及永續發展等重要議題，金管會乃透過頒布綠色金融行動方案，藉由金融業掌控融資及投資等能力，以驅使及帶動各產業循序漸進達成環境永續及淨零轉型等目標，並藉此逐步降低各產業對於氣候變遷所受衝擊，已如前述。

　　針對目前施行中的綠色金融行動方案3.0，一共涵蓋布局、資金、資料、培力及生態系等五大面向，並於各大面向中訂定下列具體措施：

(一) 布局：推動金融機構揭露碳排放資訊、規劃中長程減碳目標及策略、推動辦理氣候變遷壓力測試及研議氣候風險之監控機制。

(二) 資金：鼓勵金融業將永續經濟活動認定指引納入策略規劃及投、融資評估參考、研議第二階段永續經濟活動認定指引及持續鼓勵推動綠色金融商品及投、融資。

(三) 資料：建置ESG資料平臺及與相關單位、研議優化氣候相關資料庫及建置永續金融網站、彙整永續金融統計、相關規範、交流資訊、評鑑資訊。

(四) 培力：由上而下強化金融業董事、高階主管及職員永續金融訓練。

(五) 生態系：推動先行者聯盟、組成金融業淨零推動工作群、辦理永續金融評鑑（下稱「ESG評鑑」）及舉辦「綠色金融科技」之主題式推廣活動[7]。

---

[7]　同註3。

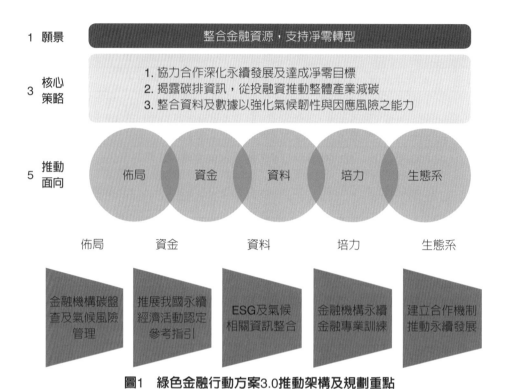

圖1　綠色金融行動方案3.0推動架構及規劃重點

資料來源：金融監督管理委員會，「綠色金融行動方案3.0簡報」，https://www.ey.gov.tw/File/4BF242AC332288F7?A=C（最後瀏覽日：2024/7/19）。

貳、執行成效

一、佈局

　　我國為推動企業減碳及資訊揭露，特定行業別[8]已被要求應依「溫室氣體排放量盤查登錄及查驗管理辦法」揭露溫室氣體等相關資訊於事業溫室氣體排放量資訊平臺[9]。另外，截至2024年第一季為止，金管會已擬定金融業揭露碳排放、確信及減碳目標、策略等時程規劃[10]。又為協助金融

---

[8]　環境部主管法規查詢系統－事業應盤查登錄及查驗溫室氣體排放量之排放源，https://oaout.moenv.gov.tw/law/LawContent.aspx?id=GL006011（最後瀏覽日：2024/7/12）。

[9]　《氣候變遷因應法》第47條及第49條。

[10]　金融監督管理委員會，「綠色金融行動方案3.0推動成果（按季更新）」，https://www.fsc.gov.tw/ch/home.jsp?id=1053&parentpath=0,7,616（最後瀏覽日：2024/7/12）。

機構取得氣候變遷相關資訊，辨識可能面臨的實體風險，金管會業請財團法人金融聯合徵信中心建置「金融業氣候實體風險資訊整合平台」，並於2024年1月31日起正式上線，使金融機構得查詢並下載氣候實體風險相關資料，以利進行氣候變遷風險管理[11]，並預計銀行業及保險業將於2024年底前提出第一份整體氣候風險管理分析報告[12]。

二、資金

　　金管會與環境部、經濟部、交通部及內政部於2022年12月共同發布永續經濟活動認定參考指引，鼓勵企業投、融資綠色產業。例如，將投資標的之主要經濟活動是否遵循本指引納入其投資參考，並鼓勵金融機構對綠能產業及永續發展領域辦理授信，同時推動金融業將永續經濟活動認定參考指引納入自律規範[13]。另外，爲因應我國實際推動情形，滾動式調整政策方向，金管會預計將於2024年年底公布第二版永續經濟活動認定參考指引[14]。

三、資料

　　臺灣證券交易所（下稱「證交所」）2023年7月推出ESG InfoHub平臺[15]，整合上市公司之環境、社會及公司治理等資訊，並提供ESG商品、國內外資源、溫室氣體盤查等專頁[16]，投資人及企業如今得更有效且便利地查詢有關上市公司之ESG資訊，無需再逐一至各公司官網查詢資料。此平臺不僅能輕鬆對跨產業、跨公司進行比較，尚能用以衡量企業ESG之績效表現，並作爲企業持續改善ESG之參考依據。另外，金管會也於2024

---

[11] 金融監督管理委員會永續金融網，「聯徵中心『金融業氣候實體風險資訊整合平台』上線，進一步協助金融業管理氣候變遷風險」，2024年1月31日，https://esg.fsc.gov.tw/News/Detail/聯徵中心-金融氣候實體風險資訊整合平台-上線-進一步協助金融業管理氣候變遷風險/（最後瀏覽日：2024/7/12）。

[12] 同註10。

[13] 《中華民國銀行公會會員授信準則》第20條之6：「銀行辦理企業『綠色』、『ESG』或『永續』等授信業務時，宜參酌『永續經濟活動認定參考指引』，以推動企業永續發展及減碳轉型。」

[14] TWSE公司治理中心，「永續經濟活動認定參考第二版指引　金管會：年底公布」，2024年3月1日，https://cgc.twse.com.tw/latestNews/promoteNewsArticleCh/4326（最後瀏覽日：2024/7/12）。

[15] ESG InfoHub網站，https://esg.twse.com.tw/ESG/front/tw/#/main/home（最後瀏覽日：2024/7/12）。

[16] TWSE公司治理中心，「證交所推出ESG Infohub，爲您帶來全新永續資訊視野」，2023年7月12日，https://cgc.twse.com.tw/pressReleases/promoteNewsArticleCh/4263（最後瀏覽日：2024/7/12）。

年1月推出永續金融網站，彙整有關永續金融之各式規範指引、施行成果等，使一般大眾得盡可能於此平臺查得所需資訊，擺脫以往資訊散見各處難以尋覓之窘境[17]。

四、培力

金管會推出永續金融證照，採分階段考取方法，將證照分為基礎能力或進階能力[18]。前者採測驗與培訓後評量雙軌制，內容包括基本永續概念、全球規範介紹及永續金融工具；後者除須具備一定資格始得報考外[19]，採培訓後評量制度，依據從事不同業務之金融人員劃分成三種職能，且每組職能可分別對應到三種不同模組課程[20]。此證照旨在提升金融從業人員於永續金融之專業度，並首次於2024年4月舉辦永續發展基礎能力測驗。

五、生態

2022年由元大金控、中信金控、玉山金控、第一金控及國泰金控成立之永續金融先行者聯盟，於該年度採購納入「循環採購」概念，提升資源使用效率，減少廢棄物，總金額已達新臺幣15億元[21]，並藉由其共組金融業淨零推動工作平臺上的五大工作群，擬定轉型金融指引、提議自然相關實體風險資料的建議、參加永續金融國際研討會等，持續推動永續金融行動[22]，根據新聞指出，未來期待有更多金融業加入永續金融先行者聯盟以持續推動永續發展，此外，該聯盟亦提出未來的執行目標包括納入循環

---

[17] 金融監督管理委員會，「金管會推出『永續金融網站』，提供更容易蒐集永續金融相關資訊管道」，2024年1月10日，https://www.fsc.gov.tw/ch/home.jsp?id=96&parentpath=0&mcustomize=news_view.jsp&dataserno=202401100001&dtable=News（最後瀏覽日：2024/7/12）。

[18] 金融監督管理委員會，「歡迎民眾多加利用『永續金融證照』課程」，2024年6月26日，https://www.fsc.gov.tw/ch/home.jsp?id=96&parentpath=0,2&mcustomize=news_view.jsp&dataserno=202406260001&dtable=News（最後瀏覽日：2024/7/12）。

[19] 台灣金融研訓院，「永續金融證照基礎與進階能力課程」，https://web.tabf.org.tw/page/1130515/（最後瀏覽日：2024/7/12）。

[20] 同前註。

[21] 蘇思云，「永續金融先行者聯盟揭首屆成果　綠色採購近15億元」，經濟日報，2023年11月10日，https://money.udn.com/money/story/5613/7565850（最後瀏覽日：2024/7/12）。

[22] 同註10。

經濟面向、注重及落實生物多樣性。金管會亦制定第二屆ESG評鑑作業指標，就各企業2023年公開資訊作為主要評鑑依據，並參酌企業重大監理缺失及重大負面社會輿論情形為扣分項。與首屆評鑑相異處在於，擴大受評機構範圍、調整「永續發展綜合指標」與「環境（E）、社會（S）、公司治理（G）」指標權重均為25%、簡化指標內容及題數、納入新興議題如防範金融詐騙、永續經濟活動認定參考指引及自然相關財務揭露（The Taskforce on Nature-related Financial Disclosures）等[23]。

參、我國相關立法及相應措施

　　綜觀實踐綠色經濟及永續發展之相關法令政策，可依對企業之影響程度由大至小依序分為，有具體法規加以規範且有相應罰則，以及不具法律強制力，例如訓示規定及行政指導等措施，後者又可分為直接影響公司治理評鑑、ESG評鑑結果及單純具鼓勵或宣示性質惟不直接影響公司治理或ESG評鑑分數之政策目標等。謹分述如下：

一、有具體罰則之相關立法

　　本文針對有具體罰則之立法，就《氣候變遷因應法》及ESG永續報告書可能涉及之法規，分述如下：

(一)《氣候變遷因應法》

　　綠色金融行動方案3.0之政策重點之一，包括降低與管理溫室氣體之排放，以因應氣候變遷，強化企業之氣候韌性。我國為加速減碳進程，於2023年大幅修訂《氣候變遷因應法》，並明確將「2050淨零排放」之目標納入該法中，修法重點包括針對年排放量合計值達25,000公噸二氧化碳當量以上之電力業及製造業徵收碳費、強化排放管制及促進減量、明定主管機關各部會權責及新增氣候變遷調適專章以提升政府因應氣候變遷

23　金融監督管理委員會，「公布第二屆永續金融評鑑指標」，2024年1月8日，https://www.fsc.gov.tw/ch/home.jsp?id=96&parentpath=0,2&mcustomize=news_view.jsp&dataserno=202401080001&toolsflag=Y&dtable=News（最後瀏覽日：2024/7/12）。

之應變能力[24]。其中，與企業最息息相關之修法莫過於徵收碳費、相關罰則[25]，以及企業得提出自主減量計畫向主管機關申請核定優惠費率[26]等規定。但依據環境部目前最新進度，徵收碳費之相關子法與配套措施，包括碳費收費辦法草案內容及碳費費率等，仍在蒐集各界意見。因此，年排碳量達徵收標準之企業須開始繳納碳費之時點最快也要等到2025年[27]，企業亦應持續追蹤最新立法動向。

(二) ESG永續報告書

ESG永續報告書（下稱「報告書」或「永續報告書」）前身為CSR報告書（Corporate Sustainability Reports），企業於編撰該報告書時應公開其於社會、環境及公司治理之成果，以及在永續發展上之表現及其目標，透過閱覽報告書內之公開資訊，社會大眾、股東及其利害關係人均能明確瞭解企業推動永續策略之成效。為配合公司於永續報告書揭露其永續發展成果，證交所於2024年1月26日修訂「上市公司編製與申報永續報告書作業辦法」[28]；財團法人中華民國證券櫃檯買賣中心（下稱「櫃買中心」）則於2024年1月31日修訂「上櫃公司編製與申報永續報告書作業辦法」[29]（與「上市公司編製與申報永續報告書作業辦法」合稱為「作業辦

---

[24] 行政院環境保護署氣候變遷辦公室，「環保署預告修正『溫室氣體減量及管理法』為『氣候變遷因應法』」，行政院環境部新聞專區，2021年10月21日，https://enews.moenv.gov.tw/Page/3B3C62C78849F32F/de5ace9a-814a-47cb-8273-342ec0664511（最後瀏覽日：2024/7/12）。

[25] 《氣候變遷因應法》第55條第1項：「依第二十八條第一項規定應繳納碳費，有偽造、變造或其他不正當方式短報或漏報與碳費計算有關資料者，中央主管機關得逕依查核結果核算排放量，並以碳費收費費率之二倍計算其應繳費額。」

[26] 《氣候變遷因應法》第29條第1項：「碳費徵收對象因轉換低碳燃料、採行負排放技術、提升能源效率、使用再生能源或製程改善等溫室氣體減量措施，能有效減少溫室氣體排放量並達中央主管機關指定目標者，得提出自主減量計畫向中央主管機關申請核定優惠費率。」

[27] 環境部氣候變遷署，「環境部說明碳費子法訂定進度」，行政院環境部新聞專區，2024年5月14日，https://enews.moenv.gov.tw/Page/3B3C62C78849F32F/20cc95d1-b49d-4ae6-8e6b-b11222ae299e（最後瀏覽日：2024/7/12）。

[28] 證券暨期貨法令判解查詢系統—臺灣證券交易所「上市公司編製與申報永續報告書作業辦法」，https://www.selaw.com.tw/SFIWebSeLaw/Chinese/RegulatoryInformationResult/Article?__RequestVerificationToken=CfDJ8NlUpwR1d9lKo5uiSM8ZBKcQkxDPr580XLQHu64OT_35RcxotSGh5XBV6adUghiNrRknzZ9G1psSs2FY3uG3krwxVQpwOFm03z2Rof3nuhw66bo1fupbpJD79XVm3sVM5H-yq9fEoCeRbUJXJc-UkAc&lawId=306959（最後瀏覽日：2024/7/12）。

[29] 證券暨期貨法令判解查詢系統—財團法人中華民國證券櫃檯買賣中心「上櫃公司編製與申報永續報告書作業辦法」，https://www.selaw.com.tw/SFIWebSeLaw/Chinese/RegulatoryInformationResult/Article?__RequestVerificationToken=CfDJ8NlUpwR1d9lKo5uiSM8ZBKfQbx3tb1ModiOZ9jxeIQBpUI22sxw4MtmCYbRUCL_F01tL6on75X06Cbq-Vh-mPfyjudXbjqaBsYr9K-bMQx4tpKqjiXl2ZHHbMHTsT9NKHWW95sltpiTNhFc4I5ma22U&lawId=306995（最後瀏覽日：2024/7/12）。

法」），明定實收資本額20億元以下之上市櫃公司應自2025年編製永續報告書，且該報告宜經董事會決議通過，另延續2023年之規定，上市櫃公司應以專章揭露氣候相關資訊。

因應全球化競爭，企業若輕忽永續發展之承諾，將難以獲得外國大廠訂單及消費者之認同，因而在製作永續報告書時，企業可能會以漂綠（Greenwashing）手段美化報告書中各項數據，或以虛偽不實內容達到通過相關驗證之目的，進而導致投資人做出錯誤決策[30]。例如，2023年9月國內一家工廠大火釀嚴重傷亡，經縣政府調查，該廠房內堆放化學物品超過管制量30倍，業者除未申報外，儲存倉庫也未與作業空間分離，然而，其永續報告書中針對環境保護管理及職業健康安全管理等項目卻仍登載通過相關認證標準[31]，經新聞媒體披露及外界提出質疑永續報告書是否僅為紙上談兵。而金管會針對此次事件，表態已規劃接軌國際永續揭露準則，未來若企業ESG資訊揭露不實，則可援引《證券交易法》（下稱《證交法》）規定課責，有關永續報告書不實的罰則問題將於後續討論之。

二、影響公司治理及ESG評鑑

為鼓勵公司落實公司治理、維護股東權益及平等對待股東、強化董事會職能、提升資訊透明度及推動永續發展，由證交所設立「公司治理中心」，並由該中心設立「公司治理評鑑委員會」辦理公司治理評鑑，專責審議評鑑指標與結果等相關業務[32]，至2024年4月30日止，已完成10屆公司治理評鑑結果。又近年來，公司治理評鑑持續增加與「推動永續發展」面向有關之指標內容及權重，證交所計畫以目前公司治理評鑑架構為基礎，參考國際準則及國際推動環境、社會面向之趨勢，於2026年轉型為

---

[30] 何傳駿，「淺談永續報告書可能的法律責任」，工商時報，2022年12月14日，https://www.ctee.com.tw/news/20221214700882-431304（最後瀏覽日：2024/7/12）。

[31] 謝方娪，「明揚永續報告書失真？金管會：櫃買有抽查機制」，中央通訊社，2023年9月27日，https://www.cna.com.tw/news/afe/202309270082.aspx；駱秉寬，「永續報告書『揭露不實』的風險」，工商時報，2023年10月30日，https://www.ctee.com.tw/news/20231030700082-439901（最後瀏覽日：2024/7/12）。

[32] TWSE公司治理中心，「公司治理中心簡介」，https://cgc.twse.com.tw/front/about（最後瀏覽日：2024/7/12）。

「ESG評鑑」[33]。目前，我國已於2022年12月29日發布第一屆ESG評鑑作業指標，為國內首次對金融機構進行ESG評鑑作業，且將於2024年賡續辦理第二屆評鑑作業[34]。

　　觀察2024年度公司治理評鑑指標，共設計26項永續發展評鑑指標，分別從不同面向評鑑各企業永續發展之實施成效，包括溫室氣體排放之揭露及管理、永續發展專（兼）職單位之設置、具體推動永續發展計畫及實施成效之揭露、永續報告書之編製、驗證及揭露、公司是否投資於節能或綠色能源相關環保永續之機器設備，或投資於我國綠能產業（如：再生能源電廠）等，或有發行或投資其資金運用於綠色或社會效益投資計畫並具實質效益之永續發展金融商品，並揭露其投資情形及具體效益等[35]。

　　有關公司治理評鑑結果，雖然不具有法律強制力，亦無相應罰則，但其精神係希望引導企業落實良善之公司治理措施，待多數公司達標後，再將其納入法規，此外，公司治理評鑑亦常作為投資人之決策參考，一般而言，公司治理較佳之公司，多具有較優之經營績效，亦較受投資人青睞[36]。證交所與櫃買中心對於公司治理評鑑結果表現優良之公司會辦理頒獎典禮加以表揚，以促進企業間之良性競爭及相互學習，鼓勵上市櫃公司積極提升公司治理；對於公司治理評鑑結果較不理想之企業，可能會酌情增加相關監理措施，惟尚無具體罰則[37]。

三、單純具鼓勵或宣示性質之政策目標

　　金管會為鼓勵金融業將資金導引至永續經濟活動，於2022年12月8日發布「永續經濟活動認定參考指引」，提供企業遵循永續發展目標之參考，但縱使尚未達標，目前並無須負擔相應罰則、亦不會影響資金投入

---

[33] 金融監督管理委員會，「第10屆公司治理評鑑結果已公告，賡續推動公司治理」，2024年5月23日，https://www.sfb.gov.tw/ch/home.jsp?id=95&parentpath=0,2&mcustomize=news_view.jsp&dataserno=202405230001&dtable=News（最後瀏覽日：2024/7/12）。

[34] ESG永續金融評鑑資訊平台，「評鑑簡介」，https://esg.tabf.org.tw/about（最後瀏覽日：2024/7/12）。

[35] TWSE公司治理中心，「第11屆（113年）公司治理評鑑」，https://cgc.twse.com.tw/evaluationCorp/listCh（最後瀏覽日：2024/7/12）。

[36] 聯合新聞網，「公司治理評鑑十周年頒獎典禮　金管會主委彭金隆：達成3大成效」，2024年6月13日，https://udn.com/news/story/7239/8028870（最後瀏覽日：2024/7/12）。

[37] TWSE公司治理中心，「公司治理評鑑簡介」，https://cgc.twse.com.tw/front/evaluationOverview（最後瀏覽日：2024/7/12）。

等，惟仍可能會「間接」影響ESG評鑑結果[38]。

　　此外，金管會於2023年8月發布「上市櫃公司永續發展行動方案」，以治理、透明、數位、創新四大追求，並以強調企業淨零、深化企業永續治理文化、精進永續資訊揭露，強化利害關係人溝通，及推動ESG評鑑及數位化五大重點，後續亦會視國內外發展與企業落實情況，隨趨勢滾動式調整行動方案內容[39]。

　　由前述可知，主管機關會不定時針對各項政策目標訂定不同指引供企業參考，因此，企業應隨時關注各項政策指引之最新動向，以便適時調整企業經濟活動及經營方式。

肆、永續報告書不實之法律責任

　　上市櫃公司在永續報告書中揭露不實或虛偽資訊，以「漂綠」或「漂永續」美化公司ESG成果，是否會面臨法律責任或證交法制裁？更進一步論，若面臨制裁，應由何人負擔相應責任？

　　首先，應先討論永續報告書能否比照財務報告或財務業務文件，作為證交法之規範客體及適用《證交法》規範，此一問題至今仍有爭議。按《證交法》第20條第2項：「發行人依本法規定申報或公告之財務報告及財務業務文件，其內容不得有虛偽或隱匿之情事。」若主要內容有虛偽或隱匿情事，相關製表人員必須對投資人負民事及刑事責任[40]。永續報告書因其內容涉及公司整體經營狀況及未來發展策略，對投資人決策具有重要影響，於解釋上得考慮主張其為公司財務業務文件[41]，然而，是否屬於「依本法規定申報或公告」之文件，解釋上容有空間。證交所與櫃買中心訂定之作業辦法，乃分別根據《證券交易所營業細則》第87條第3項及

38　例如，企業若不依循永續經濟活動認定參考指引附表2所訂定「對氣候變遷減緩具實質貢獻之技術篩選標準」進行相關經濟活動，則可能間接影響到113年度公司治理評鑑指標編號4.26所獲得之分數。

39　金融監督管理委員會，「金管會發布『上市櫃公司永續發展行動方案（2023年）』」，2023年3月28日，https://www.fsc.gov.tw/ch/home.jsp?id=96&parentpath=0,2&mcustomize=news_view.jsp&dataserno=202303280001&dtable=News（最後瀏覽日：2024/7/12）。

40　《證交法》第20條及第20條之1。

41　「所謂『財務業務文件』，本法並無定義，與『財務報告』之間亦未必有嚴格的界線；解釋上，發行人依法令申報或公告的文件，均可能包括在內。」賴英照，最新證交法解析（4版），2020年4月，頁685。

《證券商營業處所買賣有價證券業務規則》第11條第1項第8款制定，但證交所與櫃買中心皆非證交法所規定之主管機關（即金管會），因此該作業辦法在法律位階上，並不是依照《證交法》授權發布之行政命令，依循法條文義，永續報告書似不受證交法所規範，同理，其亦非同法第174條第1項第5款所規定「於依法或主管機關基於法律所發布之命令規定之帳簿、表冊、傳票、財務報告或其他有關業務文件」，故無法直接以該條法規追究其刑事責任。

因此，為避免涉及「漂綠」之永續報告書無法可管，有學者主張該永續報告書製作人員可能該當《證交法》第20條第1項[42]之反詐欺條款，但具體個案仍需檢視不實記載部分是否與有價證券之募集、發行、私募或買賣相關，及對理性投資人的投資判斷形成過程有無重大影響，導致其因該不實記載資訊陷於錯誤及受有損害[43]；另有學者認為該規範雖看似限縮於募集、發行、私募或買賣四種情形，但實質上蘊含著初級市場跟次級市場皆不得有重大不實或隱匿情事之意涵，而公司揭露的永續報告書，自屬公司於次級市場中揭露資訊之行為。因此，若有重大不實或隱匿之情事，仍應受《證交法》第20條第1項所規範，投資人得依同法第20條第3項請求民事賠償，且行為人應依同法第171條第1項第1款負刑事責任[44]。此外，依《刑法》第215條業務上文書登載不實罪，負責編製永續報告書之人員明知資訊有不實之情事，而仍將其刊載於永續報告書中，因永續報告書屬於該人員業務上作成之文書，若其不實事項足以生損害於公眾或他人者，則仍可能該當業務上文書登載不實罪之構成要件[45]。

但鑑於目前法令對於永續報告書不實之法律責任並不明確，實務上存在模糊空間，建議未來得明確化永續報告書之法律規範、製作該報告書人員與第三方認證機構之法律責任，並授權相關主管機關制定公司編撰永續報告書之作業辦法及細項規範[46]，以確保公司資訊公開之完整性及投資人

---

[42] 《證交法》第20條第1項：「有價證券之募集、發行、私募或買賣，不得有虛偽、詐欺或其他足致他人誤信之行為」。

[43] 王志誠，「氣候相關資訊揭露不實之法律責任」，月旦法學教室，第259期，2024年5月，頁11。

[44] 莊永丞，「論我國ESG之揭露法制——從永續報告書揭開ESG面紗」，東吳法律學報，第35卷第2期，2023年10月，頁42-43。

[45] 同註43。

[46] 賴英照，「永續報告書定位不明」，經濟日報，2023年12月27日，https://money.udn.com/money/story/5629/7667588（最後瀏覽日：2024/7/12）。

的權益。未來，隨著永續報告書在企業資訊揭露中扮演愈來愈重要的角色，相應的法規範勢必隨趨勢修訂，期能達到妥善保護投資人利益及企業永續發展的雙贏局面。

伍、挑戰及未來展望

在全球面臨環境污染、氣候變遷時，各國走向永續金融已是趨勢，我國政府推行ESG至今，突顯出企業漂綠、專業人才不足、ESG所涉領域廣泛複雜度高、企業轉型成本高及ESG資訊揭露品質不足等問題[47]。目前政府機關雖逐步建立各種指引與計畫，朝向淨零目標邁進，但企業於實際操作上卻遇到許多困境，像是中小型企業因本身減碳技術未到位，難以量化碳總量，且碳盤查需要額外成本及專業技術，對於資金有限的中小型企業而言，要進一步推動改善更是困難重重；市面上現有的綠電價格過於高昂，提升企業轉型低碳的門檻；政府提出的倡議、準則、工具及報告等過於繁雜，使企業無所適從；目前國際認可的淨零門檻逐漸提升，且過度追求移除二氧化碳，將導致其他社會與環境目標被忽視[48]，這些困境皆為企業走向淨零的目標上增添許多挑戰。

為避免企業為獲得投資人青睞而有誇大、美化甚至做假永續報告書等情事，金管會於2024年5月發布「金融機構防漂綠參考指引」，提醒金融機構對外做出永續相關聲明，宜注意五大原則：一、真實正確且有證據支持；二、直接並易於理解；三、內容完整，不遺漏或隱藏重要訊息；四、涉及比較時，宜公平且具可比性；五、確保符合永續相關規範，並另外提供10個非真實案例協助各機構自我檢視；在管理要求上，企業做出聲明前宜依內部分工安排，並經內部重複審核或由第三方機構為驗證，以監督該聲明之正確真實性；另企業宜建立相關內部或風險管理機制，督促公司將ESG概念導入經營決策或流程，並配置足夠人力及給予必要的訓練[49]，

---

[47] 聯合新聞網，「金融機構頻推永續金融　央行分析4大挑戰：ESG資訊揭露不足」，2024年2月22日，https://udn.com/news/story/7239/7785451（最後瀏覽日：2024/7/12）。

[48] 黃家慧，「台灣邁向淨零之島　企業面臨的5大困境——天下永續會工作坊環境永續場（下）」，CSR@天下，2021年11月3日，https://csr.cw.com.tw/article/42221（最後瀏覽日：2024/7/12）。

[49] 金融監督管理委員會，「金管會發布『金融機構防漂綠參考指引』，提醒金融業注意避免可能涉及的『漂綠』行為」，2024年5月30日，https://www.fsc.gov.tw/ch/home.jsp?id=96&parentpath=0,2&mcustomize=news_view.jsp&dataserno=202405300001&o=fsc,c=tw&dtable=News（最後瀏覽日：2024/7/12）。

避免企業不小心陷入漂綠嫌疑。又第三方驗證過程相當於取得證據的過程，相關標準需有一致的計算公式或數據來源，始具可比性，爲改善早期認證標準不一，提升大眾對於第三方驗證之確信度，我國現今針對確信機構及人員之資格條件、專業水準及應採行之確信標準統一訂定相關要點[50]予以把關，以提高第三方驗證機構所揭露資訊的可信性及一致性。目前該指引性質僅爲行政指導，並未另訂罰則[51]，但金管會也表示，經一段適應期後，企業若能遵循指引規範，未來考慮將指引地位升級爲自律規範，修法動向值得令人關注。

此外，許多私人金融機構在綠色金融行動方案3.0及永續金融目標的推動下，已自行、或受敦促轉往與氣候及環保相關的投融資政策，建議金融企業及基金等在投資各項標的時，均可主動將綠色、環保及管理氣候風險等因素納入其投資考量，例如可參考挪威主權基金（Government Pension Fund Global）有世界領先的透明度表現、全面性的氣候風險分析、排放量計算、氣候相關投資及撤資政策，透過此明確的投資政策得間接促使相關產業走向低碳及永續發展，以貫徹全球淨零目標[52]。

據新聞媒體報導指出，被業界譽爲ESG模範生的台達電子工業股份有限公司（下稱「台達電」）[53]，以自身長期豐富的節能減碳經驗，於2023年舉辦「台達智慧能源競爭力論壇」系列活動，對於不知從何著手碳盤查、碳排管理、擔心成本過高及難以訂定具體減碳行動方案的中小企業等，分享解決方案及成功案例，期與產業夥伴一同邁向永續未來。於台達電推動淨零的過程中，對外打造供應鏈ESG管理機制，像是對供應鏈透過問卷調查、提供教育訓練並訂定矯正計畫與效益追蹤缺失改善等，藉其經驗引領供應鏈廠商一同減碳[54]，此亦可作爲企業帶領協力廠商共組生態

---

[50] 例如上市上櫃公司永續報告書確信機構管理要點及溫室氣體認證機構、查驗機構管理辦法。

[51] 楊筱筠，「金管會盯金融業『永續漂綠』　推指引、11月完成委外研究」，經濟日報，2024年5月30日，https://udn.com/news/story/7239/7999053（最後瀏覽日：2024/7/12）。

[52] 環境正義基金會（EJF）、葉于瑄，「氣候風險大增，退休基金還要投資化石燃料產業嗎？」，天下雜誌，2024年4月17日，https://www.cw.com.tw/article/5130033?from=search（最後瀏覽日：2024/7/12）。

[53] 台達電子，「台達啟動《碳管理與低碳能源方案》論壇　協助工商廠辦擘劃低碳轉型　整合綠電、儲能、充電基礎設施解決方案　助企業邁向ESG永續未來」，2023年8月16日，https://www.deltaww.com/zh-TW/news/38642（最後瀏覽日：2024/7/12）。

[54] 黃家慧，「企業淨零如何下手？看台積電、台達電、友達，三大巨頭怎麼做」，CSR@天下，2022年3月24日，https://csr.cw.com.tw/article/42456（最後瀏覽日：2024/7/12）。

系、共同減碳轉型的規劃參考。

　　基此，企業欲符合淨零目標並非一朝一夕所能達成，仍有一段陣痛期且須循序漸進，透過持續追蹤國外做法及趨勢、於投資策略中導入永續金融的概念、培養減碳專業人才、由政府機關給予適當誘因及足夠的適應期，或由大型企業以自身經驗輔導資金、技術尚未到位之企業轉型低碳、統一各項報告之適用準則等。

陸、結論

　　我國政府爲因應國際趨勢業已制定多項政策，包括具強制力及相應罰則之法規，以及不具強制力之訓示規定及行政指導等措施，後者又涵括已納入公司治理或ESG評鑑指標之項目，及單純具鼓勵或宣示性質但不直接影響公司治理或ESG評鑑分數之政策目標。惟觀察我國整體政策方向可發現，縱使屬於目前僅會影響公司治理或ESG評鑑分數之措施，甚至僅是鼓勵或宣示性質等政策，仍會於政策推行數年後，逐步將其納入法規等強制規範，以促使企業綠色轉型以跟上「永續發展」之國際趨勢。鑑於各企業欲達成各項以2050淨零排放爲宗旨之政策目標並非一蹴可幾，企業仍應盡早就其經濟活動部署相應對策，包括培養相關專業人才、投入更多資源轉型爲低碳產業，成爲符合永續發展之投資標的一環，同時避免未來可能的裁罰及稅務負擔，期望企業均能及早因應綠色轉型及永續發展。

企業網路資安韌性之永續實踐

任書沁、郭彥彤

壹、前言

　　資安韌性所反映的是企業快速辨識、回應及處理資安風險之能力。資安危機可能造成企業營運、商譽、賠償責任等各方面不利影響，因此如何使企業具備快速辨識、回應及處理可能發生或已經發生的資安事件之能力，是達成企業永續的重要課題。

　　尤其，近年來數位科技發展帶動了企業數位轉型浪潮，但同時不法人士也能透過新科技更輕易地竊取企業資訊資產，使得企業面臨比以往更高的網路資安風險。以近期幾個引人注目的網路資安事件為例，2021年8月電信商T-Mobile遭駭客攻擊，導致7,700萬美國用戶個人資料外洩，因受害用戶提起集體訴訟，T-Mobile最後支付了3.5億美元和解金[1]；2022年輝達（Nvidia Corporation）遭駭客組織Lapsus$竊取1TB機密檔案，駭客以公布竊取之產品設計資料及其他資訊為威脅，要求輝達支付贖金並開放顯卡挖礦[2]，儘管輝達宣稱此資安事件不致於對公司營運與客戶造成任何影響，但此資安事件已造成輝達的產品資訊及商業計畫外洩。類似的重大資安事件也在臺灣發生，同一集團的上市公司燦坤及燦星網在2024年7月30日同時發布重大訊息，說明公司遭駭客攻擊資訊系統，該次資安事件導致燦坤線上購物網站及燦星網公司網站多日無法正常運作[3]。甚至，資安事件可能是因為資安公司作業錯誤所導致，例如：2024年7月19日資安公司

---

[1]　林妍溱，「T-Mobile用戶個資遭外洩，今年第2次」，iThome，2023年5月3日，https://www.ithome.com.tw/news/156686（最後瀏覽日：2024/8/5）。

[2]　TWCERT/CC，「NVIDIA駭侵事件，超過71,000名員工各種資訊遭外洩」，2022年3月11日，https://www.twcert.org.tw/tw/cp-104-5853-d53ac-1.html（最後瀏覽日：2024/8/5）。

[3]　羅正漢，「燦坤與燦星網同日發布資安重訊，說明資訊系統遭受網路攻擊，目前線上購物網站持續停擺」，iThome，2024年7月29日，https://www.ithome.com.tw/news/164155（最後瀏覽日：2024/8/5）。

CrowdStrike因更新作業錯誤，導致Microsoft Windows當機，估計影響全球近850萬臺裝置，造成數十億損失[4]。前述案例皆說明了企業一旦發生網路資安事件，即可能遭受重大損害，面對與日俱增的網路資安風險，企業網路資安韌性便成爲企業永續發展不可或缺之前提。

貳、資訊安全管理系統標準與法規

　　企業網路資安韌性與資通系統管理方式緊密相關，而網路攻擊相關之資安事件中，除了企業營業相關之機密資訊遭竊之情形外，最常受害的就是企業因各種原因所持有的個人資料。以下先就現行之主要資通安全法規及資安系統管理標準介紹如下：

一、《資通安全管理法》

　　爲推動資通安全政策，強化資通安全環境，臺灣於2018年6月公布《資通安全管理法》，並訂立相關子法[5]。《資通安全管理法》規範公務機關[6]及特定非公務機關之資通安全管理。依《資通安全管理法》第3條第6款之規定，特定非公務機關是指關鍵基礎設施提供者、公營事業及政府捐助之財團法人，且依《資通安全管理法》第16條第1項規定，關鍵基礎設施提供者須經中央目的事業主管機關於徵詢相關公務機關、民間團體、專家學者之意見後指定，報請行政院核定，並以書面通知受核定。因此，如非公務機關未受行政院核定爲《資通安全管理法》下的特定非公務機關，即無須適用《資通安全管理法》及其子法。

　　屬於《資通安全管理法》所稱非特定公務機關之企業，應具備的資通安全管理分爲以下三個階段：

4　鉅亨網，「CrowdStrike全球大當機後暴跌32%　股東怒提集體訴訟」，2024年8月2日，https://news.cnyes.com/news/id/5660480（最後瀏覽日：2024/8/5）。
5　包括《資通安全管理法施行細則》、《資通安全責任等級分級辦法》、《資通安全事件通報及應變辦法》、《特定非公務機關資通安全維護計畫實施情形稽核辦法》、《資通安全情資分享辦法》、《公務機關所屬人員資通安全事項獎懲辦法》等。
6　公務機關依《資通安全管理法》第3條第5款之定義，指依法行使公權力之中央、地方機關（構）或公法人，但不包含軍事機關及情報機關。

(一) 資通安全維護計畫

應依據《資通安全責任等級分級辦法》的資通安全責任等級分類，考量其所保有或處理之資訊種類、數量、性質、資通系統之規模與性質等條件，訂定、修正資通安全維護計畫。

(二) 資通安全維護計畫實施

1. 關鍵基礎設施提供者：應向中央目的事業主管機關提出資通安全維護計畫實施情形，且中央目的事業主管機關應稽核所管關鍵基礎設施提供者之資通安全維護計畫實施情形。如其資通安全維護計畫實施有缺失或待改善者，應提出改善報告，送交中央目的事業主管機關。

2. 非關鍵基礎設施提供者之企業：中央目的事業主管機關得要求所管特定非公務機關，提出資通安全維護計畫實施情形，如發現有缺失或待改善者，應限期要求受稽核之特定非公務機關提出改善報告。

3. 如違反前述規定，中央目的事業主管機關將令限期改正；屆期未改正者，按次處新臺幣10萬元以上100萬元以下罰鍰。

(三) 資通安全事件處理

企業應依《資通安全事件通報及應變辦法》訂定資通安全事件通報及應變機制，如知悉資通安全事件發生，應通報中央目的事業主管機關，違者將由中央目的事業主管機關處新臺幣30萬元以上500萬元以下罰鍰，並令限期改正；屆期未改正者，按次處罰之。此外，企業應向中央目的事業主管機關提出資通安全事件調查、處理及改善報告；如為重大資通安全事件，並應送交主管機關。

依據《資通安全責任等級分級辦法》規定，目前資通安全責任等級由高至低分為A至E五個級別，資通安全責任等級愈高，資安管理應辦事項的要求愈高。除資通安全責任等級為E級之情形外，受規範企業皆須辦理一定程度的網路資安管理措施，特別針對網路資安管理之措施整理如表1：

表1 網路資安管理之分級

制度面向	辦理項目	辦理項目細項	A級	B級	C級	D級	E級
管理面	資訊安全管理系統之導入及通過公正第三方之驗證（例如：CNS 27001或ISO 27001）		O	O	O		
技術面	安全性檢測	弱點掃描	O	O	O		
		滲透測試	O	O	O		
	資通安全健檢	網路架構檢視	O	O	O		
		網路惡意活動檢視	O	O	O		
		使用者端電腦惡意活動檢視	O	O	O		
		伺服器主機惡意活動檢視	O	O	O		
		目錄伺服器設定及防火牆連線設定檢視	O	O	O		
	資通安全威脅偵測管理機制		O				
	資通安全弱點通報機制		O	O	O		
	資通安全防護	防毒軟體	O	O	O	O	
		網路防火牆	O	O	O	O	
		具有郵件伺服器者，應備電子郵件過濾機制	O	O	O		
		入侵偵測及防禦機制	O	O			
		具有對外服務之核心資通系統者，應備應用程式防火牆	O	O			
		進階持續性威脅攻擊防禦措施	O				

二、上市上櫃公司資通安全管控指引

　　縱使企業非屬受《資通安全管理法》規範的特定非公務機關，如企業為上市或上櫃公司，亦須具備較高規格的資通安全管理。自2022年起，依據《公開發行公司年報應行記載事項準則》，上市、上櫃公司應於年報敘明資安政策、具體管理方案、投入資安管理之資源、重大資安事件之損失與可能影響及因應措施等。上市、上櫃公司可依據產業特性、規模大小及資安風險，參考「上市上櫃公司資通安全管控指引」訂立該公司之資通

安全政策及作業程序，以符合《公開發行公司建立內部控制處理準則》第9條使用電腦化資訊系統處理者相關控制作業，並強化企業資安管理，其中針對網路資安的作業程序如下：

(一) 鑑別可能造成營運中斷事件之發生機率及影響程度，並明確訂定核心業務之復原時間目標（RTO）及資料復原時間點目標（RPO），設置適當之備份機制及備援計畫。

(二) 定期執行資安系統安全性測試，並對核心資通系統辦理資安檢測作業，並完成系統弱點修補（定期辦理弱點掃描、定期辦理滲透測試及系統上線前執行源碼掃描安全檢測）。

(三) 依網路服務需要區隔獨立的邏輯網域（例如：DMZ、內部或外部網路等），並將開發、測試及正式作業環境區隔，且針對不同作業環境建立適當之資安防護控制措施。

(四) 具備下列資安防護控制措施，例如：防毒軟體、防火牆、電子郵件過濾機制、入侵偵測及防禦機制、進階持續性威脅攻擊防禦措施、偵測管理機制（SOC）等。

(五) 針對機敏性資料之處理及儲存建立適當之防護措施，例如：實體隔離、專用電腦作業環境、存取權限、資料加密、傳輸加密、資料遮蔽、人員管理及處理規範等。

(六) 建立使用者通行碼管理之作業規定、定期審查帳號及權限。

(七) 建立資通系統及相關設備適當之監控措施，例如：身分驗證失敗、存取資源失敗、重要行為、重要資料異動、功能錯誤及管理者行為等，並針對日誌建立適當之保護機制。

(八) 針對電腦機房及重要區域之安全控制、人員進出管控、環境維護等項目建立適當之管理措施。

(九) 留意安全漏洞通告，即時修補高風險漏洞，定期評估辦理設備、系統元件、資料庫系統及軟體安全性漏洞修補。

(十) 訂定資通設備回收再使用及汰除之安全控制作業程序。

(十一) 訂定人員裝置使用管理規範，如：軟體安裝、電子郵件、即時通訊軟體、個人行動裝置及可攜式媒體等管控使用規則。

(十二) 定期辦理電子郵件社交工程演練，並加強相關員工訓練。

(十三) 加入資安情資分享組織，取得資安預警情資、資安威脅與弱點資訊，例如：所屬產業資安資訊分享與分析中心（ISAC）、臺灣電腦網路危機處理暨協調中心（TWCERT/CC）。

　　爲了強化上市、上櫃公司資通安全，金融監督管理委員會已督導證券交易所及財團法人證券櫃檯買賣中心從「強化監理」及「協助與輔導」二大面向推動資安治理相關精進措施，包括檢視修正「上市上櫃公司資通安全管控指引」、提高資訊安全內部控制查核比例及追蹤缺失改善情形、確定認定「重大性」標準[7]、落實企業對子公司資訊安全之監督與管理、強化資訊安全人員教育訓練、分享資訊安全事件案例、持續推動加入TWCERT/CC分享資安事件之情資、取得資安標準國際認證及取得外部驗證等，以協助企業提升資安韌性[8]。

三、《個人資料保護法》

　　除特定產業有額外的個人資料保護要求外，《個人資料保護法》爲我國對於個人資料保護最基礎的規範。依據《個人資料保護法》第8條，除有法規例外豁免告知義務的情形，企業蒐集個人資料時須明確告知以下事項：(一)蒐集機關名稱；(二)蒐集目的；(三)蒐集資料所屬類別；(四)資料利用之期間、地區、對象及方式；(五)當事人依《個人資料保護法》第3條得對個人資料主張之權利；以及(六)當事人得自由選擇是否提供個人資料，及不提供將對其權益造成的影響。如企業蒐集非由當事人提供的個人資料，除原本的個人資料蒐集機關需履行《個人資料保護法》第8條之告知義務，先告知當事人其個人資料將分享予該企業，或於分享資訊前取得當事人的同意之外，該企業亦須依據《個人資料保護法》第9條，於處理或利用前告知當事人該企業取得當事人個人資料的來源及前述(一)至(五)

7　依據2024年7月版「上（興）櫃公司重大訊息發布應注意事項參考問答集」及「上市公司重大訊息發布應注意事項參考問答集」，公司之資通系統、官方網站或內部文件檔案資料等，遭駭客攻擊或入侵，致無法營運或正常提供服務，或有個資、內部文件檔案資料外洩之虞等情事，即構成公司重大損害或影響。

8　金融監督管理委員會，「金管會持續推動相關措施精進上市（櫃）公司資通安全管理」，2024年3月5日，https://www.fsc.gov.tw/ch/home.jsp?id=2&parentpath=0&mcustomize=news_view.jsp&dataserno=202403050004&dtable=News（最後瀏覽日：2024/8/5）。

所述事項。

　　依據《個人資料保護法》第27條規定，企業應採行適當之安全措施，防止個人資料被竊取、竄改、毀損、滅失或洩漏，另外，中央目的事業主管機關亦得指定非公務機關訂定個人資料檔案安全維護計畫，或業務終止後個人資料處理方法。依據《個人資料保護法施行細則》及「中央目的事業主管機關依個人資料保護法第27條第3項規定訂定辦法之參考事項」，適當之安全措施、個人資料檔案安全維護計畫或業務終止後個人資料處理方法皆應包括以下事項：(一)配置管理之人員及相當資源；(二)界定個人資料之範圍；(三)管理機制；(四)事故之預防、通報及應變機制；(五)個人資料蒐集、處理及利用之內部管理程序；(六)資料安全管理及人員管理；(七)認知宣導及教育訓練；(八)設備安全管理；(九)資料安全稽核機制；(十)使用紀錄、軌跡資料及證據保存；以及(十一)個人資料安全維護之整體持續改善。雖《個人資料保護法施行細則》並未對適當之安全措施的細節多加說明，但因法規要求包含的事項相同，「中央目的事業主管機關依個人資料保護法第27條第3項規定訂定辦法之參考事項」對資訊安全事項的細節建議內容應可作爲參考。

　　按照相同邏輯，雖《個人資料保護法》中並無特別提到網路資安與個人資料保護的關係，但主管機關認爲「資訊安全管理應配合個人資料蒐集、處理及保存技術」的態度，應仍可從「中央目的事業主管機關依個人資料保護法第27條第3項規定訂定辦法之參考事項」的相關內容窺知一二，例如：「中央目的事業主管機關依個人資料保護法第27條第3項規定訂定辦法之參考事項」第4點即提到，運用電腦或自動化機器相關設備蒐集、處理或利用個人資料時，宜訂定使用可攜式設備或儲存媒體之規範；應針對不同資料保存之媒介物環境，審酌建置適度之保護設備或技術。由此可見，當個人資料成爲網路攻擊的常見目標時，企業自然應該訂立個人資料的網路資安管理措施，以提升企業網路資安韌性。

四、ISO/IEC 27001國際標準

　　資訊安全管理系統（Information Security Management System）是

以資訊安全風險為導向、適用於組織整體的資訊安全政策、程序及控制系統，建置合乎企業資訊安全風險的資訊安全管理系統，有助於提升企業之資安韌性。為了具體化資訊安全管理系統應具備之內涵，國內外許多機構都提出相關指標，其中ISO/IEC 27001是目前最廣泛被使用之資訊安全管理系統標準。隨著網路資安愈來愈被重視，以及資通及資料保護相關法規陸續制定，愈來愈多企業將ISO/IEC 27001之資訊安全管理系統導入企業的資安管理架構中，以防免網路資安事件發生及符合相關法規之要求。

　　ISO/IEC 27001是管理國際標準化組織（International Organization for Standardization，即「ISO」）與國際電工委員會（International Electrotechnical Commission，即「IEC」）於2005年所聯合發布，用以揭示資訊安全管理系統所應符合之要求。ISO/IEC 27001為ISO/IEC 27000系列之一，此系列包含與資訊安全管理系統相關之各種標準，如資訊安全管理系統相關之詞彙定義、要求事項、指導綱要等，一應俱全，而ISO/IEC 27001則是有關建置、實行、維持及持續改善資訊安全管理系統的一套標準。依據ISO/IEC 27001，資訊安全的三原則（即「CIA Triad」）為機密性（Confidentiality）、資訊完整性（Information integrity）及資料可使用性（Accessibility of data）：機密性是指唯有經授權者能取得組織所持有之資訊；資訊完整性是指組織經營業務所使用的資訊或為他人保管的資訊應以有效的方式儲存，且不會受損或被消除；資料可使用性則是指組織或其客戶能在有需要時使用資訊，以滿足企業之業務需求或其客戶之期待。ISO/IEC 27001採用PDCA（Plan-Do-Check-Act）流程架構資訊安全管理系統準則[9]：

(一) 計畫（Plan）：建置資訊安全管理系統之目標及管控範圍。進行計畫時必須分析相關外部及內部因素，外部因素包括法規、經濟及政治因素等，內部因素則包括公司架構、價值、文化、資通設備等。

(二) 執行（Do）：執行資訊安全管理系統的政策、控制措施、流程及程序。

---

[9] ISO, https://www.iso.org/standard/27001; ISO Council, Plan-Do-Check-Act ISO 27001, https://isocouncil.com.au/plan-do-check-act-iso-27001/（最後瀏覽日：2024/8/5）。

（三）查核（Check）：對於已建置的資訊安全管理系統進行監測、分析及評價，確認資安管理系統之執行是否合乎相關資安政策、目標，以查核資安風險之辨識、處理、減輕及所需調整與改進。

（四）行動（Act）：依據資安管理系統查核結果進行改正及預防措施。

　　為確保ISO/IEC 27001能持續反映資訊科技發展及當前之資安威脅，ISO/IEC 27001已多次改版，最新版本為2022年10月25日發布之ISO/IEC 27001:2022。從新版名稱將「資訊技術－安全技術－資訊安全管理系統－要求事項」（Information technology-Security techniques-Information security management systems-Requirements），改為「資訊安全、網宇安全及隱私保護－資訊安全管理系統－要求事項」（Information security, cybersecurity and privacy protection - Information security management systems - Requirements），就可知新版ISO/IEC 27001對於網路安全之重視。ISO/IEC 27001:2022在附錄A中新增的11項控制措施，亦是納入對雲端、物聯網、AI技術之考量，揭示了網路安全之管控重點，整理如表2：

表2　ISO/IEC 27001新增之控制措施[10]

項次	編號	控制措施	說明[11]
1.	5.7	威脅情資 Threat intelligence	• 蒐集及分析威脅情資（包括特定攻擊方法及攻擊者使用之技術及相關攻擊趨勢），以採取適當的防範措施。 • 需設定蒐集及使用威脅情資的程序，以便在IT系統中引進預防控制、改善風險評估，並引進新的安全測試方法。 • 教育員工威脅通知之重要性及通知方式及對象。
2.	5.23	雲端服務之資訊安全 Information security for use of cloud services	• 設立雲端安全規範以保護儲存於雲端的資料。 • 教育員工雲端服務的安全風險及如何使用雲端服務之安全保護功能。

---

[10]　表格內容整理自Advisera, "Detailed explanation of 11 new security controls in ISO 27001:2022," https://advisera.com/27001academy/explanation-of-11-new-iso-27001-2022-controls/（最後瀏覽日：2024/8/5）。

[11]　ISO/IEC 27001附錄A的實務指導文件為ISO/IEC 27002:2022，但ISO/IEC 270021:2022並非強制性規定，因此企業可選擇是否採用其中所建議之措施。

表2　ISO/IEC 27001新增之控制措施（續）

項次	編號	控制措施	說明
3.	5.30	為繼續進行業務之資通設備準備 ICT readiness for business continuity	• 確保能隨時取得需要的資訊，計畫、執行、維護及測試資通設備，以為可能的網路中斷進行準備。 • 需依據風險評估、資訊需取得時間及系統修復時間，使用適合的解決方案產品。 • 教育員工網路中斷的可能性，及如何維護IT及通訊技術，以為網路中斷做準備。
4.	7.4	實體安全監控 Physical security monitoring	• 敏感區域僅限有權人員進入。 • 使用警報或監視系統或設置守衛管制進出。 • 教育員工未經授權進入敏感區域之風險，及如何通報未經授權之事件。
5.	8.9	配置管理 Configuration management	• 進行技術（包括軟體、硬體、網路等）的配置管理，以確保達到適當安全保護層級。 • 設立提案、審查及核准安全配置的程序，以管理及監控配置。 • 教育員工嚴格管控配置的重要性，及如何認定及執行安全配置。
6.	8.10	資訊刪除 Information deletion	• 為避免敏感資訊的洩漏及遵循隱私保護之相關規範，刪除不需要的資訊（包括在IT系統、可移除式媒體或雲端的資訊）。 • 需建立程序辨識應刪除的資訊及負責人員，且應以合乎風險狀態的方式刪除資訊。 • 教育員工刪除敏感資訊的重要性及如何正確刪除敏感資訊。
7.	8.11	資料遮罩 Data masking	• 為限制敏感資訊（特別是受高度保護的個人資料）的揭露，資料的使用管控應併行資料的遮罩（可使用假名或匿名化方式處理）。 • 需建立程序認定需遮罩資料類型、方法及可有權取得該等資料的人員。 • 教育員工資料遮罩的重要性及何種資料需要遮罩。
8.	8.12	資料外洩之預防 Data leakage prevention	• 使用各種防止資訊（包括IT系統、網路或任何裝置中的資訊）洩漏的措施，以避免未經授權揭露資訊，及確保即時偵測資訊洩露事件。 • 使用系統偵測可能洩露資訊的管道，例如：電子郵件、移動式儲存裝置、移動裝置等，並使用防止資訊洩漏的系統，例如：加密、關閉下載功能、隔離電子郵件、限制複製貼上資料及限制上傳資料至外部系統等。 • 教育員工防止資訊洩漏之重要性及如何處理敏感資訊。

表2　ISO/IEC 27001新增之控制措施（續）

項次	編號	控制措施	說明
9.	8.13	活動監控 Monitoring activities	• 監控IT系統、網路、應用程式上的異常活動，並於必要時採取適當回應。 • 需建立程序確認須監控的系統及監控職責、方式，並建立異常活動的判定方式及通報異常事件。 • 教育員工其活動將被監控，並告知將被視為異常活動的活動類型，並訓練IT人員使用監控工具。
10.	8.23	網站安全防護 Web filtering	• 管理使用的網站以保護IT系統，以避免IT系統受惡意程式侵害或使用者使用網路上不合法之內容。 • 使用工具（例如防毒軟體）阻擋特定IP，或公布禁止拜訪網站的清單。 • 教育員工使用網站的風險及如何取得安全使用網路的指引，並教育系統管理者如何執行網路過濾。
11.	8.28	程式開發安全 Secure coding	• 建立軟體開發的安全程序，以避免軟體發生安全性疑慮。 • 使用工具維護程式庫清單，以避免原始碼遭篡改、錯誤記錄及遭受攻擊（可使用驗證、加密等安全元件）。 • 建立程序確認安全程式的標準（包括內部軟體開發及第三方軟體元件）、監控可能風險及提供關於程式安全的建議、建立程序決定外部工具或程序庫的可使用性。 • 教育軟體開發人員使用安全程式原則的重要性，及安全程式方法及工具。

　　ISO/IEC 27001:2022附錄A新增的11項控制措施為企業提升網路資安韌性提供了具體化的指引，該等控制措施並非強制性要求，企業如評估後認為其沒有相關資安風險，且其不受任何法規或契約要求採取特定控制措施，可以排除該控制措施。

參、第三方資訊安全系統服務

　　對企業而言，網路資安風險涉及新興科技技術，企業可能不具備能力自行檢測現有資安韌性是否符合法規要求，或評估當前資安風險並制定符合相應於該企業資安風險的政策、程序與計畫，而需要使用第三方資訊安全系統產品／服務，此時，企業與商品／服務供應商需確認以下事項，以

確認雙方的權利義務範圍：

一、資安商品／服務內容

　　企業應取得資安商品／服務符合資安管理相關標準的證明書。如企業購買資安商品／服務是為符合法規要求的資安管理系統認證，須確認資安商品／服務符合法規要求（例如：符合ISO/IEC 27001標準）。縱使企業非屬於法規規定須具備較高規格資安政策的機構，選擇符合特定資安管理系統標準的資安商品／服務，仍較可確保該資安產品／服務防範網路攻擊的有效性。

二、符合委外規範

　　依據《資通安全管理法》，委外辦理資通系統建置、維運或資通服務之提供，應考量受託者之專業能力與經驗、委外項目之性質及資通安全需求，選任適當之受託者，並監督其資通安全維護情形。又依據「上市上櫃公司資通安全管控指引」，企業委外處理資訊安全管理需符合企業預先訂立的資訊作業委外安全管理程序。

三、產品／服務之責任

(一) 資安商品／服務之功能為防範資安威脅，然網路攻擊方法、技術日新月異，資安產品／服務可能無法抵擋使用新技術進行的網路攻擊。一般而言，商品／服務供應商限縮商品／服務的功能保證，可防止因科技不確定性發生賠償風險（例如：以免責聲明的方式，直接聲明商品／服務供應商不保證資安產品／服務能處理所有網路攻擊）。如企業希望確保商品／提供服務供應商保證特定商品／服務功能，應明文將必要的功能訂入雙方合約中。例如「上市上櫃公司資通安全管控指引」中，即有上市、上櫃公司應與委外廠商於採購文件中載明服務水準協議（SLA）、資安要求的規定。

(二) 瑕疵責任範圍：資安產品／服務可能包含多種硬體及軟體結合，任何

元件發生瑕疵，都會使資安產品／服務無法運作，尤其使用第三方軟體、程式的產品／服務，瑕疵可能是一段時間後才能發現（例如：當今網路程式產品開發大量依賴開源軟體，但開源軟體除錯及修正，有賴於軟體開發方的積極作為，因此可能無法即時發現其瑕疵），故商品／服務供應商傾向限縮其對商品／服務瑕疵的責任，以避免需要對他人的軟體瑕疵負責。在考量雙方公平性上，可考慮將商品／服務供應商應負責的瑕疵責任，排除依當時科技無法發現之瑕疵，使產品／服務供應商仍應負擔一定程度確認瑕疵的義務。

(三) 責任上限：網路資安事件可能造成企業整體性營運受損，且可能造成間接損害，而難以預期所生損害的金額。如依據全部賠償原則，商品／服務供應商可能承擔巨大賠償風險，因此商品／服務供應商會將賠償責任限縮為企業的直接損害，而不就間接損害賠償，並以一段時間內商品／服務供應商累積收取的商品售價或服務費用作為賠償上限。責任上限條款的協商，需考量實際損害發生的風險大小及金額，以確認是否要有責任上限及金額為何。

(四) 商品／服務供應商亦可考慮以商業產品保險轉嫁賠償風險。

四、《個人資料保護法》規範

(一) 除特定產業另有規定，《個人資料保護法》原則上未限制國際傳輸。然而須注意，若商品／服務供應商須國際傳輸經手的個人資料，方能提供資安商品／服務功能，但該國際傳輸可能有主管機關得限制的事由時[12]，則企業應無法使用該商品／服務。

(二) 產品／服務供應商可能透過資安產品或服務取得企業持有的個人資料，此時，企業需履行《個人資料保護法》第8條之告知義務，告知當事人其個人資料將被提供予產品／服務供應商。為確保企業履行告知義務，企業的告知義務可作為合約中的聲明保證／承諾，並於違反

---

[12] 《個人資料保護法》第21條：「非公務機關為國際傳輸個人資料，而有下列情形之一者，中央目的事業主管機關得限制之：一、涉及國家重大利益。二、國際條約或協定有特別規定。三、接受國對於個人資料之保護未有完善之法規，致有損當事人權益之虞。四、以迂迴方法向第三國（地區）傳輸個人資料規避本法。」

時有賠償責任。

(三) 產品／服務供應商如是接受企業委託代爲蒐集個人資料，依據《個人資料保護法》第4條，受委託蒐集、處理或利用個人資料者，視同委託機關。因此，如產品／服務供應商違反法規蒐集、利用、處理、儲存個人資料，視同企業違法。爲確保產品／服務供應商依法蒐集、利用、處理、儲存個人資料，此義務應作爲合約中的聲明保證／承諾，並於違反時有賠償責任。

肆、結論

隨著科技發展，網路資通系統已成爲企業營運不可或缺的一環，然而科技發展同時也帶來更高的網路資安風險。網路資安風險能在短時間內竊取或損害大量資訊，對企業可能造成的損害更甚於傳統的資訊竊取方式，因此，無論企業是否屬於法規要求更高資安規格的機構，提升企業網路資安韌性已刻不容緩，而將國際資安管理系統標準導入企業資安管理也已成趨勢。企業爲符合資安管理系統的國際標準，可能選擇使用第三方資安產品及服務，然而，資安產品涉及較不可預測的網路科技應用，如資安產品／服務發生瑕疵、故障，未能成功防範網路攻擊時，商品／服務供應商對其提供的產品／服務之保證、責任範圍將影響企業獲得賠償的範圍。因此，相關事項需企業與資安商品／服務供應商在最初合約洽談時就先釐清雙方權利義務，否則可能防範資安風險不成，反而另生爭議。

企業傳承信託與公司治理：以家族企業控制權為核心

謝文欽、楊壽慧

壹、前言：家族企業的特徵與挑戰

　　家族企業在全球經濟中扮演著重要角色，擁有獨特的特徵和運作模式。首先，家族成員通常深度參與公司管理，並在公司管理層中占據重要位置，對企業之經營方向和日常決策有著直接影響。家族成員之參與使得企業文化和經營理念受到家族價值觀的驅動，進而對企業決策產生深遠的影響。此外，企業主在決策過程中通常更加注重企業之長期發展，以確保家族企業之永續經營。

　　然而，家族企業也面臨著一系列挑戰。首先，傳承問題是家族企業必須面對的主要挑戰之一，如何在代際之間順利傳承企業控制權是重要關鍵，缺乏明確的傳承計畫可能發生家族企業控制權爭奪及內部矛盾，不僅影響企業的穩定性，甚至導致家族成員喪失對家族企業之經營或控制權。其次，隨著企業的成長，單純依賴家族成員進行管理可能不足以應對日益複雜的商業環境，因此對專業化管理的需求日益增強，如何持續體現和落實家族信念或價值觀，亦是許多家族企業主所關心之議題。最後，家族企業必須在維護家族利益與企業健康發展之間取得平衡，這需要在企業運營和決策中謹慎妥善處理家族與企業利益的關係，方能確保家族企業發展之持續性。

　　在臺灣，《公司法》於2015年增設關於閉鎖性股份有限公司之規定，藉由更加彈性規劃章程，使得企業主得以限制股份轉讓，落實鞏固家族股權之目的，成為許多企業主安排家族企業的控制與傳承之方式。然

而，閉鎖性公司仍可能因爲強制執行[1]、繼承或是後代修訂公司章程等原因，導致家族股權外流或分散，使得家族傳承之目的無法被完整落實。

　　參考國際實務上常見之家族企業傳承模式，中華民國信託業商業同業公會（下稱「信託公會」）自2018年開始推動家族信託業務之發展，鼓勵家族企業主以家族信託（Family Trust）作爲家族企業傳承之工具[2]。本文擬以家族企業控制權之角度出發，討論企業傳承信託與家族企業治理可能會產生的議題。

貳、家族信託／企業傳承信託

　　家族信託，旨在由委託人爲家族成員之利益，將其股權、不動產或金融資產等重要財產，交付予受託人管理，以幫助家族企業主在確保資產安全的同時，實現資產的有效傳承，並滿足家族成員未來生活需求[3]。

　　經濟部中小及新創企業署最新之「2023年中小企業白皮書」指出，2022年臺灣之中小企業家數占全體企業達98%以上，足見中小企業爲臺灣經濟社會組成之重要基石[4]。基於臺灣中小企業的蓬勃發展以及社會上對於企業傳承的重視，信託公會以家業傳承爲目的，就家族信託之模式研擬出簡單、普通、複雜及完整四種，使企業主可以按實際需求選擇[5]。

　　在簡易模式中，企業主僅係單純地將所持有之資產交付與受託人，受託人只要依據信託契約，管理資產或股份，任務相對單純，僅爲企業傳承，未涉及公司治理（普通模式）、家族治理（複雜模式）及結合家族辦公室（完整模式）。

　　普通模式則是以閉鎖性股份有限公司結合信託，由企業主設立閉鎖性

---

[1]　王志誠，「企業傳承信託之模式及治理特性」，2024公司治理與ESG新方向研討會會議論文，2024年5月，頁4-5。

[2]　中華民國信託業商業同業公會，「信託相關資訊／常見信託業務／家族信託」，https://www.trust.org.tw/tw/info/related-common/14（最後瀏覽日：2024/8/4）。

[3]　王志誠，「家業傳承之模式選擇——閉鎖性公司與家族信託結合模式之運用及注意事項」，月旦法學雜誌，第298期，2020年3月，頁83。

[4]　中小及新創企業署，「《2023年中小企業白皮書》發布，中小企業爲臺灣經濟發展之中流砥柱」，經濟部，2023年10月31日，https://www.moea.gov.tw/Mns/populace/news/News.aspx?kind=1&menu_id=40&news_id=112750（最後瀏覽日：2024/9/16）。

[5]　同註2。

之家族控股公司，以閉鎖性股份有限公司作爲信託委託人兼受益人，將所持有的家族企業股票交付予信託受託人管理，使家族企業得以永續傳承。受託人提供的服務通常具有家族企業永續傳承、家族企業輔助決策、防止家族股權旁落規劃等功能[6]。

　　在複雜模式下，家族企業主不僅設立信託來管理資產，還會涉及到家族治理的層面。例如，可能會制定家族憲章、設立家族大會及家族理事會等專門的家族治理機構，定期檢視家族企業的運營和發展，並確保家族的價值觀和目標得到遵守。

　　完整模式則是最爲全面的一種模式，通常涉及設立家族辦公室來管理和協調家族資產和業務。除了家族信託，家族辦公室還可能涉及財務規劃、法律顧問、投資管理等多方面的服務。這種模式可以提供全面的資產管理和家族治理支持，但也需要投入較多資源以建立專業顧問團隊。

　　然而，家族企業的傳承方案設計不僅需要考慮企業的永續經營和經營權的持續控制，還必須關注資產的隱密性問題。對許多家族企業主而言，資產的隱密性是至關重要的考量，特別是在利用信託作爲傳承方式時，企業主將股份或資產交付予受託人後，基本上便失去對信託財產的直接控制權。在失去股份所有權及直接控制權之情形下，爲使受託人能夠有效行使管理權限，企業主尚須使受託人充分知悉所有的持股情形及其背後意圖（包含家族價值觀、家族長期目標等），則受託人是否爲委託人即企業主可信任之人、受託人可否確實依家族價值觀及目標執行，係企業主決定是否以家族信託作爲傳承方式之重要考量。

　　因此，在實務作業時，家族企業主客戶除考量閉鎖性家族控股公司結合信託之方式，亦會考慮採用國外私人信託公司（Private Trust Company, PTC）來進行家族信託管理。

6　中華民國信託業商業同業公會，「銀行高資產客戶財富管理業務實務參考文件」，頁74。

參、私人信託公司

　　私人信託公司是一由家族自行設立的信託公司，其唯一的任務是擔任家族資產的受託人，專門負責管理和保護家族資產。與傳統的信託機構相比，PTC具有更高的靈活性和控制力，因為家族成員可以自行設計PTC的組織形式。

　　在設立PTC時，家族可以透過章程設計或指定受信任的個人擔任PTC的董事，這些人通常是家族成員或家族成員信賴的專業人士[7]。這樣的安排確保了PTC能夠完全按照家族的意願和目標進行運作，並確保信託的執行符合家族的長期計畫和價值觀，使家族能夠更加主動地管理其財產，並能夠快速適應變化的環境和需求。

　　整體而言，PTC在長期穩定性和治理結構上具有顯著優勢：PTC可以作為家族企業的管理中心，鼓勵年輕一代參與投資和創業活動，並在符合家族價值觀的指導下進行財富管理；作為一個長久性公司實體，它能夠確保在家族成員去世或退休後仍能保持穩定的運營；與一般的民間企業受託人相比，PTC在投資管理上更具靈活性，尤其是在涉及高集中或不易變現資產時，例如房地產或家族企業股票，這使得其能夠更容易針對特定需求進行個別化的資產管理策略；此外，也能藉由將所有家族信託合併到PTC之下，以規模經濟降低成本，並能與家族辦公室合併，提供全面的私人財富管理服務，滿足家族成員的多樣化需求[8]。

　　為了進一步控制PTC，並實現「持股」與「利潤分配」分離之目的，實務上也常採用雙層架構，例如：將PTC的股份信託給專業信託機構。家族成員透過將PTC股份信託給一個獨立的專業信託機構，由信託機構負責持有和管理這些股份，但不直接參與日常的經營決策，家族成員即可利用PTC來維護對家族資產的管理和控制，同時進一步保障資產的隱密性，使得PTC成為家族企業在資產傳承和管理中愈來愈受歡迎的選擇。而臺灣最

---

[7]　林意紋，「家族信託中以私人信託公司為受託人時如何適用我國公司法之研究」，國立政治大學法律學系碩士論文，2020年，頁31。

[8]　Weeg, C. C. "The Private Trust Company: A Diy for the Über Wealthy. Real Property," Trust and Estate Law Journal, Vol. 52, No. 1 (2017), at 125-130; See also Ytterberg, A. V. and Weller, J. P. "Managing Family Wealth Through a Private Trust Company," ACTEC Law Journal, Vol. 36, No. 3 (2010), Article 6.

有名運用多層PTC架構的例子則爲台塑集團創辦人王永慶，其所建構之信託模式，第一層是主信託，負責持有資產；主信託的操作和收益分配則由第二層的PTC來決策；而這些決策必須遵循第三層的「目的信託」要求，「家族憲法」即被納入此層目的信託中；第四層則是受託人，包括執行的律師、會計師和銀行等，如果這些受託人發現目的信託董事會的決策不符合目的信託的要求，他們有權約束董事或不執行該決策[9]。這樣的信託結構成功地確保了台塑集團在王永慶離世後仍能維持穩定的經營，保持家族資產的集中管理與企業的永續發展。

　　然而，PTC設立初期的法律費用、申請費用到後續經營的專業團隊管理費用，對於家族財務來說也會是一筆不小的負擔；家族成員在PTC的參與也可能引發內部衝突，尤其在金錢和資產控制問題上，這在由獨立的企業受託人管理時可能較不會發生；PTC的有限責任在管理不善或投資失敗時也可能成爲問題，家族的求償權通常將限縮於公司的資本（limited to the capital of the company），而不像企業受託人通常擁有更深厚的資金[10]。此外，PTC在不同的國家／地區會面臨不同的法律和合規要求，例如美國各州依PTC之設立是否須取得金融機構許可並受其監管，又可區分爲監管型與非監管型[11]，除須符合設立要件，實際運作時亦須遵守例如信託法、稅法和反洗錢之相關規定及要求（例如報告義務等），因此，如何選擇合適的國家／地區設立PTC以減少法律風險和管理成本也是委託人需要事先謹愼考量的重點之一。

肆、閉鎖性股份有限公司結合自益信託[12]

　　信託公會經委外研究，綜合評估國外家族信託模式（包含PTC），以

---

[9] 羅立群，「『王家永不分家』　王永慶做了什麼讓台塑集團做到永續經營？」，天下雜誌，2022年4月6日，https://www.cw.com.tw/article/5120721?template=transformers（最後瀏覽日：2024/8/4）；陳一姍、林佳賢，「天堂文件獨家解密：王永慶的兩千億財產，爲何跑到海外？」，天下雜誌，第646期，2018年4月24日。

[10] Weeg, C. C., supra note 6, at 130-132.

[11] 更多關於監管型與非監管型PTC之說明，以及最多委託人選擇設立州之相關規定，可參林意紋，「家族信託中以私人信託公司爲受託人時如何適用我國公司法之研究」，國立政治大學法律學系碩士論文，2020年。

[12] 中華民國信託業商業同業公會，「我國辦理家族信託模式建議與架構分析」，2019年，頁7-11。

及現行法（包含信託法、民法繼承編等）之規定，以不變更現行法規爲前提，建議我國家族信託可以採用閉鎖性股份有限公司結合自益信託的模式來達成家族信託之目的。

信託公會的研究報告指出，企業主首先可以設立一個閉鎖性股份有限公司，將名下及透過投資公司所持有的擬傳承資產（如家族企業公司的股票）轉移至該公司，且公司章程可以明定，股東除非將股份轉讓給家族成員並設立信託，否則不得轉讓股份給非家族成員，此項安排確保股份僅能在家族內部流動，以防止股份外流導致外部人士的介入。

在閉鎖性股份有限公司的運作中，董事的任命權由企業主掌控，並保留對公司的絕對控制權，包括特定事項的否決權、表決權行使之拘束等，使企業主能夠在生前有效掌控公司的運作和決策過程。企業主還可以在公司章程中設計投資委員會和分配委員會，協助董事會處理內部決策及運作事宜；家族成員則可以透過擔任公司董事、委員會委員及經理人，積極參與家族財產的管理，進而增強對家族企業的控制和參與。閉鎖性股份有限公司的股息和紅利由分配委員會建議，並由股東會以多數決方式確定。

閉鎖性股份有限公司持有的家族企業公司股票可交付信託，由受託人根據公司的指示進行相關管理，保障家族企業的運作不受外界干擾。企業主亦可在生前將閉鎖性股份有限公司的股份（如無股東表決權的特別股）贈與特定親屬，以透過股息紅利的分派來照顧他們。

在企業主去世後，閉鎖性股份有限公司及投資公司股票的繼承應遵循《民法》規定。企業主可以根據《民法》第1187條，在不違反特留分規定的範圍內，通過遺囑自由規劃遺產之分配。爲確保繼承人能夠有效掌控家族財產，企業主在生前可進行若干規劃：

首先，設計閉鎖性股份有限公司董事的選舉方式至關重要。企業主可以通過表決權控制機制，確保家族財產穩固在公司內部，防止外人介入。常見的措施包括「表決權拘束契約」和發行具複數表決權或特定事項否決權的特別股。此外，企業主還可設立「表決權信託」，指定受託人依信託契約行使股東表決權，以確保選定的繼承人能夠順利當選董事。

其次，企業主可以在公司章程中提高對於特定事項變更的門檻，例如調高出席股東股份總數及表決權數，並設立一票否決權，以阻止組織或業

務之重大變更如提前解散公司或變更爲非閉鎖性公司。如果家族繼承人數超過《公司法》規定的股東人數限制，可通過設立有價證券信託，以符合股東人數的限制，並在信託條款中規定股份不得轉讓給非家族成員，從而保障公司經營權的穩定。

最後，家族企業章程中可以規定成年子女需努力工作，才可獲得股息和紅利，例如需要提供工資單或在職證明等，以激勵家族成員爲企業做出貢獻。

藉由上述安排，家族企業可以在企業主生存期間及去世後，維持穩定的控制權和財產管理，保障家族的長期利益。

伍、家族信託與家族企業治理議題

家族信託雖然爲家族企業的永續傳承提供了一種新的解決方案，但作爲家族企業治理的一種策略工具，仍有其侷限性及挑戰。以下將分別從經營權控制及企業治理的角度，檢視閉鎖性股份有限公司結合信託模式可能遭遇的一些困境。

一、經營權控制

在閉鎖性家族控股公司結合信託的模式下，雖然透過訂定保留運用指示權的信託契約可以達到控制家族企業表決權的目的，但由於委託人需要通過受託人間接控制家族企業股份的表決權，存在間接控制之成本與風險，可能會使委託人在選擇此模式時感到不安。

在我國現行的《公司法》中，法人股東通常運用《公司法》第27條[13]來掌控經營權。根據第27條，不論是依第1項由法人股東，或依第2項由法人代表當選爲董事，都可以依第3項隨時改派，以達到任免家族企業董事並鞏固經營權的目的。

---

[13] 《公司法》第27條：「政府或法人爲股東時，得當選爲董事或監察人。但須指定自然人代表行使職務。政府或法人爲股東時，亦得由其代表人當選爲董事或監察人。代表人有數人時，得分別當選，但不得同時當選或擔任董事及監察人。第一項及第二項之代表人，得依其職務關係，隨時改派補足原任期。對於第一項、第二項代表權所加之限制，不得對抗善意第三人。」

　　然而，若家族控股公司將家族企業股權全部信託給受託人，如何運用《公司法》第27條來控制經營權將是一個挑戰。家族控股公司如果不再持有家族企業的股份，便無法以法人股東身分或指定數個代表人來當選董事。在這種情況下，受託人作為形式上的股東，是否應由受託人或其代表人來當選董事，是一個值得思考的問題。受託人如果是專業的信託機構，他們通常不會親自參與企業的日常經營管理，因為這可能超出其專業範疇或涉及利益衝突，因此直接讓受託人或其代表人擔任企業董事的方式可能不會被採用。這樣的安排可能會導致對企業經營權的控制力下降，也可能引發委託人對於信託模式的信任問題。

　　因此，規劃採用閉鎖性家族控股公司結合家族信託的模式時，尤其涉及家族企業經營權的掌控問題，可能需要進行非常周密的規劃和評估，包括：如何設計合適的信託契約，確保委託人在保留足夠的指示權時，也能讓受託人在必要時候執行管理決策；如何選擇具備專業的資產管理能力，還要能夠理解並執行家族的價值觀和長期目標之受託人；如何建立監控和反饋機制，確保信託執行過程中的透明度和問責性，包括定期審查受託人的決策過程等。

二、企業治理

　　家族企業在資本市場中扮演著舉足輕重的角色，尤其是當這些企業為上市櫃公司時，家族控制股東的行為將對公司治理產生深遠的影響。

　　首先，即使依據《證券交易法》第22條之2[14]規定進行申報，但信託結構的複雜性使得控制股東的揭露變得更加困難，控制股東的身分和影響力仍可能不易完全揭露。金融監督管理委員會2023年9月23日金管證交字第1120383907號令雖就公開發行公司董事、監察人、經理人及持有公司

---

[14] 《證券交易法》第22條之2：「已依本法發行股票公司之董事、監察人、經理人或持有公司股份超過股份總額百分之十之股東，其股票之轉讓，應依左列方式之一為之：一、經主管機關核准或自申報主管機關生效日後，向非特定人為之。二、依主管機關所定持有期間及每一交易日得轉讓數量比例，於向主管機關申報之日起三日後，在集中交易市場或證券商營業處所為之。但每一交易日轉讓股數未超過一萬股者，免予申報。三、於向主管機關申報之日起三日內，向符合主管機關所定條件之特定人為之。經由前項第三款受讓之股票，受讓人在一年內欲轉讓其股票，仍須依前項各款所列方式之一為之。第一項之人持有之股票，包括其配偶、未成年子女及利用他人名義持有者。」

股份超過股份總額10%之股東（下稱「內部人」）依信託關係移轉或取得該公開發行公司股份之申報事宜提供說明，並詳細區分內部人為委託人、內部人為受託人或信託是否保留運用指示權等情形[15]，惟信託結構中的內部人可能同時是擔任委託人，也可能擔任受託人，若加上信託保留運用指示權，股權結構可能因層層疊疊的信託架構變得極為複雜，也使得資訊揭露變得更為困難，難以清晰反映控制股東的真實意圖和影響力。這種複雜

---

[15] 金融監督管理委員會民國112年9月23日金管證交字第1120383907號令：「一、公開發行公司董事、監察人、經理人及持有公司股份超過股份總額百分之十之股東（以下簡稱內部人），依信託關係移轉或取得該公開發行公司股份時，應依下列規定辦理股權申報：(一)內部人為委託人：1.內部人將其所持有公司股份交付信託時，依信託法第一條規定，信託財產之權利義務須移轉予受託人，故內部人即應依證券交易法第二十二條之二規定辦理股票轉讓事前申報。2.內部人於轉讓之次月五日依證券交易法第二十五條規定向所屬公開發行公司申報上月份持股異動時，經向該發行公司提示信託契約證明係屬受託人對信託財產具有運用決定權之信託，得僅申報為自有持股減少，對於內部人仍保留運用決定權之信託，內部人應於申報自有持股減少時，同時申報該信託移轉股份為「保留運用決定權之交付信託股份」。3.內部人「保留運用決定權之交付信託股份」，因係由內部人（含本人或委任第三人）為運用指示，再由受託人依該運用指示為信託財產之管理或處分，故該等交付信託股份之嗣後變動，仍續由內部人依證券交易法第二十二條之二及第二十五條規定辦理股權申報。4.公開發行公司之董事、監察人之「保留運用決定權之交付信託股份」，於依證券交易法第二十六條規定計算全體董事或監察人所持有記名股票之最低持股數時，得予以計入。5.持有公司股份超過股份總額百分之十之股東，將所持公司股份交付信託，並將信託財產運用決定權一併移轉予受託人者，該股權異動如達證券交易法第四十三條之一規定變動標準，即應依規定辦理變動申報。(二)內部人為受託人：1.受託之內部人為信託業者：(1)內部人取得信託股數時，係屬其信託財產，而非自有財產，故毋須於取得之次月依證券交易法第二十五條規定向所屬公開發行公司辦理該信託持股異動申報，亦毋須併計自有持股辦理證券交易法第四十三條之一之申報。(2)信託業者原因自有持股而成為公開發行公司之董事或監察人者，嗣後所取得之信託持股數，不得計入證券交易法第二十六條規定全體董事或監察人法定最低持股數之計算。2.受託之內部人為非信託業者：(1)非信託業者受託之信託財產，其對外係以信託財產名義表彰者，其視同信託業者之適用，與前揭對信託業者之規定相同。(2)非信託業者受託之信託財產，其對外未以信託財產名義表彰者：甲、因受託之內部人對外未區分其自有財產與信託財產，故採自有財產與信託財產合併申報原則，不論取得股份為自有財產或信託財產，內部人均應於取得之次月五日前依證券交易法第二十五條規定，向所屬公開發行公司申報取得後之持股變動情形。乙、前述內部人依信託法第四條第二項規定為所取得股份向所屬發行公司辦理信託過戶或信託登記時，發行公司應於依證券交易法第二十五條規定彙總申報內部人持股異動時，註記該等股份為信託持股。丙、內部人如為公司之董事、監察人，其受託之信託持股無論對外是否以信託財產名義表彰，均不得計入證券交易法第二十六條規定全體董事或監察人法定最低持股數之計算。二、受託人取得任一公開發行公司股份達一定比率時之股權申報規定：(一)受託人為信託業者時，倘依信託業法施行細則第七條第二款所定，信託業者對信託財產不具運用決定權之信託，係由委託人之運用指示為信託財產之管理或處分者，毋須由信託業者辦理股權申報；至於信託業者管理之具運用決定權之信託財產（所有具運用決定權之信託專戶合併計算），如取得任一公開發行公司股份達到證券交易法第四十三條之一規定之申報及公告標準時，其為信託財產之管理或處分，信託業者即應依證券交易法第四十三條之一規定為其信託財產辦理股權申報，但取得任一公開發行公司股份超過其已發行股份總額百分之十時，其為信託財產之管理或處分，另應依證券交易法第二十二條之二、第二十五條規定為其信託財產辦理股權申報。(二)非信託業者受託之信託財產，其對外係以信託財產名義表彰者，比照前揭(一)對信託業者之規定辦理。(三)非信託業者之信託財產，其對外未以信託財產名義表彰者，採自有財產與信託財產合併申報原則，故併計其信託財產後，取得任一公開發行公司股份達到證券交易法第四十三條之一規定之申報及公告標準時，其為信託財產之管理或處分，即應依規定辦理股權申報。但取得任一公開發行公司股份超過其已發行股份總額百分之十時，其為信託財產之管理或處分，另應依證券交易法第二十二條之二、第二十五條辦理股權申報。三、本令自即日生效；原財政部證券暨期貨管理委員會中華民國九十二年三月十一日台財證三字第○九二○○○○九六九號令（清單如附件），自即日廢止。」

性不僅增加了資訊透明度的挑戰，也使得股東和主管機關難以有效監控和評估控制股東的真實影響，進一步增加了公司治理的難度。

其次，家族控股股權的信託安排可能使控制股東的真正影響力隱藏在信託結構中，例如，在提名董事和獨立董事資格方面，或在處理經營權爭奪、敵意併購、重大資產處分、關係人交易等情況時，家族控股公司可能需要向受託人發出具體指示。然而，受託人作為形式上的股東，其角色應保持中立且負責任，若受託人僅僅機械地執行委託人的指示，可能會使公司治理之要求面臨多重挑戰，包括可能導致公司治理的核心價值觀被忽視，例如透明度、責任性和公平性，也可能在董事會內部造成對資源分配和決策程序的不信任。甚至，信託結構可能使得家族控制股東的權力過於集中，尤其當受託人是家族成員或由家族指定的人選時，這種情況可能導致控制權與實際經營權的不匹配，增加了家族內部權力鬥爭和管理層不一致的風險。而這樣的安排使得外部股東和市場參與者難以全面瞭解控制股東的實際控制權及其對公司決策的影響，進一步增加了公司治理的複雜性。

此外，當受託人同時是家族成員或由家族指定的人選時，可能會出現利益衝突的問題。這些受託人可能在處理公司治理問題時，偏向家族利益而非公司整體利益。信託安排還可能使公司在面對法律和合規要求時遇到困難，例如家族控制的信託結構可能不符合所有法規要求，或在解釋法律條款時存在模糊地帶，增加了法律風險，進而對公司的聲譽和財務狀況造成影響。

隨著對企業社會責任（Corporate Social Responsibility, CSR）的關注增加，家族控股公司在信託架構下可能面臨如何滿足ESG要求的挑戰，即信託結構下的治理安排如何保證符合現代企業治理的標準，包括環境保護（Environmental）、社會責任（Social）和良好的公司治理實踐（Governance）。在實施前述ESG政策時，家族控股公司需要考慮如何將家族的價值觀和目標與ESG標準有效整合，確保信託結構既能符合法規要求，又能實現道德責任的承諾。這一過程中，可能會遇到的挑戰包括如何在信託安排中平衡家族利益與環境和社會責任，如何確保信託機構在履行義務時不偏離這些標準，並且如何在家族成員的價值觀與現代ESG要求

之間建立一致性。

　　當家族控股公司內部若發生糾紛，例如無法選出代表人、代表人之間發生爭訟，或因其他原因無法向受託人提供指示，這些情況也會對受託人構成了相當的挑戰。受託人需要在缺乏指示的情況下行使家族企業的股權，這一過程中涉及的問題相當複雜。受託人不僅需要遵守信託契約中的規定，確保所有的行為和決策都符合契約的要求，還需履行善良管理人的注意義務，即以謹慎且負責任的標準來進行決策[16]；受託人也需要設法調解家族內部的糾紛，確保所有涉及方的意見被充分考慮，以避免內部矛盾擴大對公司的負面影響。此外，當內部糾紛影響到家族企業的經營管理時，受託人需要在保持中立的同時，努力促成各方協商與解決。在面對內部爭議和外部壓力時，受託人可能也要考慮尋求法律顧問的建議，確保所有的決策既符合信託契約，也符合相關法律要求。甚至，家族控股公司內部若有爭訟，受託人也可能遭受波及。

　　家族信託在家族企業治理中提供了許多機會，但同時也帶來了一些挑戰。藉由以上探討可以發現，受託人所被託付的任務以及執行任務的結果，在在都會影響家族信託的運作，對委託人的目的（即家族企業永續傳承）能否達成有舉足輕重的影響，只有通過精心設計的信託契約、選擇適合的受託人、確保治理的透明度和合規性，方能有效地應對這些挑戰，以實現家族企業的長期穩定與發展。然而，這也是在建立家族信託時，最困難的部分，企業主應充分考慮這些議題，並進行全面的規劃與評估，以確保信託結構能夠達到預期的效果。

陸、結論

　　閉鎖性家族控股公司與信託之結合提供了家族企業在傳承和治理中新的選擇，以解決傳承過程中的許多挑戰。透過靈活的信託設計和專業的資產管理，家族可以維持對家族資產的控制權，同時滿足企業治理和法律規定的要求。

---

[16] 同註1。

　　然而，這些安排也帶來了新的挑戰，包括經營權的控制和企業治理的複雜性，在閉鎖性股份有限公司結合家族信託的架構下，如何在保留經營權的同時，確保信託的有效運作，是需要精細規劃的核心問題。此模式雖然有助於維持家族企業的內部控制，防止外部干擾，但在實際運作中，可能會導致信託結構複雜、透明度不足以及利益衝突等問題，進而影響公司治理的效能。隨著家族企業的發展和變化，信託結構也可能需要進行調整和更新，以適應新的需求和挑戰。

　　因此，企業主在選擇閉鎖性家族控股公司與信託模式時，必須進行周密的規劃和評估，全面考量相關法律、財務及治理要求，並建立健全的監控和反饋機制，以應對潛在的挑戰，並確保信託結構能夠符合家族的長期目標和價值觀，同時維護企業的穩定性和持續發展。

第二篇

永續勞資

❀ 職場永續健康與安全於企業工作規則之實踐
❀ 全球視野下的勞資戰線：國際人權規範對跨國投資的挑戰與機遇
❀ 性平法在我國職場如何落實？——以性騷擾防治為探討中心

職場永續健康與安全於企業工作規則之實踐

葉日青、辛宇、黃偵甯

壹、前言

聯合國在2015年提出「2030永續發展議程」（the 2030 Agenda for Sustainable Development），包含減緩氣候變遷、合適的工作及經濟成長、促進性別平權等17個永續發展目標（Sustainable Development Goals, SDGs）。其中，健康企業、安全職場、員工健康為企業永續發展的關鍵，企業得於工作規則中實踐永續發展之內涵以保障勞工權益，降低員工職業災害、企業離職率及公司經營治理之成本。依照《勞動基準法》第70條規定：「雇主僱用勞工人數在三十人以上者，應依其事業性質，就左列事項訂立工作規則，報請主管機關核備後並公開揭示之：一、工作時間、休息、休假、國定紀念日、特別休假及繼續性工作之輪班方法。二、工資之標準、計算方法及發放日期。三、延長工作時間。四、津貼及獎金。五、應遵守之紀律。六、考勤、請假、獎懲及升遷。七、受僱、解僱、資遣、離職及退休。八、災害傷病補償及撫卹。九、福利措施。十、勞雇雙方應遵守勞工安全衛生規定。十一、勞雇雙方溝通意見加強合作之方法。十二、其他。」工作規則為雇主依其事業性質所訂定之重要管理規定，使勞雇雙方清楚瞭解彼此權利義務，職場永續健康與安全屬於「持續性」之事項，應訂入工作規則以確保職場安全與健康勞動力發展，進而實現企業永續發展。

鑑於職場永續健康與安全之範圍甚廣，為聚焦討論方向，並參酌企業運作之實務常見之困境，本文以下就「職場安全衛生」、「職場霸凌」及「職場性騷擾」為三大討論主軸，期望協助企業將職場永續健康安全之理念實踐於公司治理方面。

貳、職場安全衛生

　　勞動部爲響應全球永續發展，鼓勵企業投資職業健康與安全，推動職場健康勞動力永續發展2022年至2026年中長程計畫，參考國際GRI 403職業健康與安全準則[1]訂定「職場永續健康與安全SDGs揭露實務建議指南」（下稱「職場永續健康指南」）及蒐集國內外各大企業績效指標，訂定中、英文版職場永續健康指南，提供基本指標、進階指標及質性與可量化數據及實務案例，使業界更易明瞭及應用[2]。針對上市上櫃公司，依臺灣證券交易所「上市公司編製與申報永續報告書作業辦法」[3]及財團法人中華民國證券櫃檯買賣中心「上櫃公司編製與申報永續報告書作業辦法」[4]規定，自2025年起實收資本額新臺幣（下同）20億元以下之上市櫃公司亦應編製永續報告書[5]。至於一般企業，勞動部職業安全衛生署舉辦「113年度健康勞動力永續領航企業選拔」，將職場永續健康指南作爲評選項

---

[1]　GRI 403準則爲國際通用揭露企業有關職業健康與安全的準則，新版準則於2018年更新，並於2021年1月1日生效，關注於企業是否提供健康與安全的工作條件與環境。

[2]　勞動部職業安全衛生署，https://www.osha.gov.tw/48110/48417/48419/141234/post（最後瀏覽日：2024/9/20）。

[3]　臺灣證券交易所「上市公司編製與申報永續報告書作業辦法」第3條：「上市公司應每年參考全球永續性報告協會（Global Reporting Initiative, GRI）發布之通用準則、行業準則及重大主題準則編製前一年度之永續報告書，揭露公司所鑑別之經濟、環境及人群（包含其人權）重大主題與影響、揭露項目及其報導要求，並可參考永續會計準則理事會（Sustainability Accounting Standards Board, SASB）準則揭露行業指標資訊及SASB指標對應報告書內容索引。
前項所述之永續報告書內容應涵蓋相關環境、社會及公司治理之風險評估，並訂定相關績效指標以管理所鑑別之重大主題。
上市公司應於永續報告書內揭露報告書內容對應GRI準則之內容索引，並於報告書內註明各揭露項目是否取得第三方確信或保證。
第一項所述之揭露項目，應採用符合目的事業主管機關規定之標準進行衡量與揭露，如目的事業主管機關未發布適用之標準，則應採用實務慣用或國際通用之衡量方法。」

[4]　財團法人中華民國證券櫃檯買賣中心「上櫃公司編製與申報永續報告書作業辦法」第3條：「上櫃公司應每年參考全球永續性報告協會（Global Reporting Initiative, GRI）發布之通用準則、行業準則及重大主題準則編製前一年度之永續報告書，揭露公司所鑑別之經濟、環境及人群（包含其人權）重大主題與影響、揭露項目及其報導要求，並可參考永續會計準則理事會（Sustainability Accounting Standards Board, SASB）準則揭露行業指標資訊及SASB指標對應報告書內容索引。
前項所述之永續報告書內容應涵蓋相關環境、社會及公司治理之風險評估，並訂定相關績效指標以管理所鑑別之重大主題。
上櫃公司應於永續報告書內揭露報告書內容對應GRI準則之內容索引，並於報告書內註明各揭露項目是否取得第三方確信或保證。
第一項所述之揭露項目，應採用符合目的事業主管機關規定之標準進行衡量與揭露，如目的事業主管機關未發布適用之標準，則應採用實務慣用或國際通用之衡量方法。」

[5]　臺灣證券交易所公司治理中心，https://cgc.twse.com.tw/responsibilityPlan/listCh（最後瀏覽日：2024/9/20）。

目[6]，以推動企業實踐職場健康與安全價值。

　　職場永續健康指南共有10項準則，主要針對「工作環境安全」、「職業傷病」及「員工健康」以實踐職業健康與安全之永續。企業對於職場健康與安全政策，大多停留在基本法規要求與職業傷病發生情形等被動指標，僅有少部分企業優於法規。傳統以職業傷害發生率、傷病率及職業病被動指標以衡量職業健康與安全，職場永續健康指南則是以領先指標透過企業在職業災害或職業病發生前的預防行動建立友善的工作場所。

　　就工作環境安全面向，企業得制定符合組織特性之職業安全衛生政策與其一致的量化目標，並揭露目標達成進度；辨識職業危害類型評估其為物理性、人因性、化學性及生物性危害及特定敏感族群（如高齡、有母性健康危害之虞之勞工），擬定風險評估及進行管控措施（進行各類型危害預防宣導、教育訓練或實務演練、完善職業事故調查程序及矯正措施）；設置職業安全衛生委員會，由勞資雙方共同組成，約定開會頻率、職業安全衛生相關提案、申訴次數及改善狀況、依據協商溝通建立提案，及後續達成比例；透過問卷調查、工作者溝通等方式辨識職業健康安全教育之需求並提供教育訓練、對訓練類型、訓練時數與頻率、滿意度及訓練成果評估之情形參與人數以進行後續評估；對供應商／承攬商的職業健康安全管理，建立系統化評量與篩選機制，即經由與供應商的業務關係，可能產生重大職業安全衛生衝擊，應透過供應商行為準則、採購管理規範或其他與供應商／承攬商簽署之合約等文件，以規範供應商／承攬商安全衛生應符合事項，另針對企業產品中化學物質所具危害進行評估，包含確保產品符合認證程序、產品不同生命週期中化學品管理方法、安排第三方認證等以確保製造產品不會對下游使用者造成健康或安全危害；建置職業安全衛生管理系統經內部及外部稽核應敘明涵蓋工作者人數或比例及未涵蓋全部工作者之原因。

　　就職業傷病面向，企業應紀錄失能傷害頻率，即每百萬工時中，發生失能傷害的總人次，其計算上包含死亡、永久全失能、永久部分失能即暫

6　勞動部職業安全衛生署，https://www.osha.gov.tw/48110/48207/134603/134618/167924/post（最後瀏覽日：2024/9/20）。

時全失能之總計人次及工作場所中前五大災害類型及比例，並將職業災害或職業預防之影響換算成商業價值，舉例而言，科技公司運用其發展之計算公式估計其工傷價值為工傷成本、醫療成本及避免職災企業願給付之金額，量化工傷可能帶來至少1,000萬的社會成本，將職安衛生及財務與永續價值連結；計算經職業醫學科專科醫師判定確診職業病或工作相關疾病個案數量、比例及工作相關疾病類型，分析職業危害發生或促成之原因，透過分級管控將危害風險降低，並依勞動部公告相關指引計畫、評估與預防改善措施執行成效。

就員工健康面向，企業應提供健康檢查建立高風險關注名單、依據產業屬性規劃健康服務策略，辦理勞工健康教育、衛生指導、職場健康預防疾病及促進健康並將健康服務成效量化。舉例而言，保險公司注重員工福利與身心健康，透過心理壓力調查，辨識高壓力負荷同仁，安排專案心理師關懷高壓員工，協助員工因應壓力問題。

企業得將上述準則納入工作規則，設定職業健康與安全的目標，依其自身規模、產業屬性、資源及人力配置建立指標，訂定專案執行期間，並以量化方式漸進優化目標達成度，亦得參考同業運作經驗，以執行實施計畫。

參、職場霸凌

國際勞工組織（International Labour Organization, ILO）公布之調查報告指出，不論是在開發中或已開發國家中，職場暴力霸凌案件，在全球出現有增加的趨勢。同事間冷嘲熱諷、批評貶低、攻訐指摘等行為都可能屬於職場霸凌，進而對勞工產生職業危害，已逐漸受到各國政府重視，我國政府亦是如此。我國現行勞動法規至今對於職場霸凌並無明文定義，而依一般社會通念，並參酌《校園霸凌防制準則》第3條第1項第4款就「霸凌」之定義，應可認所謂職場霸凌，係指工作場所之個人或集體「持續」以言語、文字、圖畫、符號、肢體動作、電子通訊、網際網路或其他方式，直接或間接對他人故意為貶抑、排擠、欺負、騷擾或戲弄等行為，使他人處於具有敵意或不友善之工作環境，產生精神上、生理上或財產上

之損害，或影響正常工作活動進行之情形。因此，職場霸凌行為，具有相當期間持續性之特徵，非謂同事間因故偶發摩擦、衝突，即得稱之為職場霸凌事件[7]。

　　勞動部職業安全衛生署進一步就職場暴力行為，制定《執行職務遭受不法侵害預防指引》，勞工在職場上遭受主管或同事利用職務或地位上的優勢予以不當對待，或遭受顧客、服務對象、其他相關人士的肢體攻擊、言語侮辱、恐嚇、威脅等霸凌或暴力事件，導致勞工發生精神或身體上的傷害，甚至危及性命等均屬於職場暴力的類型。

　　綜上所述，在工作環境中，個人或團體持續以不合理的欺凌行為，包含言語、非言語、生理、心理上的貶抑、排擠或侮辱，直接或間接使被霸凌者處於具有敵意或不友善之工作環境，產生精神、身體或財產上的傷害，皆可被視為「職場霸凌」之態樣。

　　我國《職業安全衛生法》第6條第2項第3款[8]及《職業安全衛生設施規則》第324條之3[9]規定，企業為預防勞工於執行職務，因他人行為致遭受身體或精神上不法侵害，應妥為規劃並採取必要之安全、預防措施。企業應建立辨識及評估危害機制，透過問卷調查或訪談以瞭解不法侵害來源，整理及分析過去不法侵害事件，包括類型、傷害程度、加害者動機、發生頻率及地點等，規劃預防措施，紀錄評估結果，並針對不足之處加以修正。如不法侵害發生於企業內部，而加害者為發生不法侵害之頻率較為頻繁者，企業得透過訪談方式，瞭解發生之原因並提供心理諮商降低頻率之發生；如不法侵害來自外部，則得分析侵害內涵，並制定行為準則納入與外部人員簽署之合約，避免不法侵害之發生。

---

[7]　臺灣高等法院臺南分院110年度勞上更一字第1號民事判決參照。

[8]　《職業安全衛生法》第6條第2項：「雇主對下列事項，應妥為規劃及採取必要之安全衛生措施：一、重複性作業等促發肌肉骨骼疾病之預防。二、輪班、夜間工作、長時間工作等異常工作負荷促發疾病之預防。三、執行職務因他人行為遭受身體或精神不法侵害之預防。四、避難、急救、休息或其他為保護勞工身心健康之事項。」

[9]　《職業安全衛生設施規則》第324條之3：「雇主為預防勞工於執行職務，因他人行為致遭受身體或精神上不法侵害，應採取下列暴力預防措施，作成執行紀錄並留存三年：一、辨識及評估危害。二、適當配置作業場所。三、依工作適性適當調整人力。四、建構行為規範。五、辦理危害預防及溝通技巧訓練。六、建立事件之處理程序。七、執行成效之評估及改善。八、其他有關安全衛生事項。前項暴力預防措施，事業單位勞工人數達一百人以上者，雇主應依勞工執行職務之風險特性，參照中央主管機關公告之相關指引，訂定執行職務遭受不法侵害預防計畫，並據以執行；於勞工人數未達一百人者，得以執行紀錄或文件代替。」

　　依據《職業安全衛生法》第6條，雇主應規劃及採取必要之安全衛生措施，執行職務因他人行為遭受身體或精神不法侵害的預防，因此雇主應建立職場不法侵害事件通報機制，並讓所有工作者清楚通報事件之程序及方法，以確保企業內部發生的不法侵害事件得以控制；通報系統可與人資單位或職業安全衛生部門整合，指派專責人員提供協助，並可透過建立申訴或通報單、電子郵件等方式通報。雇主應保證申訴或通報者免於報復之公正申訴體制，且就通報過程、處理給與隱私保護，如加害人為雇主，應由客觀、中立第三人調查人員處理，詳實記錄申訴內容，及進行公正獨立之調查，調查內容應予以保密並限定於一定時間（1個月）完成，避免被害人受到不利待遇。此外，雇主於收受通報後，應提供被害人立即性、持續性及支持性之保護措施，被害人可能因此出現長期或短期的心理創傷，雇主可安排諮商、同儕輔導及協助、身心健康諮詢及輔導，採取預防再發生之必要行動。如有重大不法侵害個案，勞工欲提出訴訟，雇主得協助勞工提出損害賠償等訴訟之行為；加害人為企業內部，應依內部懲處程序處理，並視情況調整職務或工作部分（加害人與被害人於同一部門共事情形）。

　　雇主應檢視所採取之措施是否有效，定期進行績效評估（一年一次），確認採取控制措施後的殘餘風險及新增風險，檢討執行過程相關措施，作為未來預防政策改善、參考之依據。

　　雇主亦應留意，若違反前揭相關法令或未採取必要措施以預防職場霸凌，依法將面臨被罰鍰新臺幣3至15萬元之法律風險；勞工受「職場霸凌」導致生命、身體或健康損害時，亦得主張雇主違反保護照顧義務，進而向雇主請求損害賠償，並得依勞基法第14條規定終止契約並請求資遣費。

肆、職場性騷擾

　　參酌《性別平等工作法》第12條規定，職場性騷擾之態樣可分為敵意性工作場所性騷擾及交換式工作場所性騷擾。「敵意性工作場所性騷擾」是指受僱者在工作時，任何人以性要求、具有性意味或性別歧視的言

詞或行為，造成一個敵意性、脅迫性或冒犯性的工作環境，以致侵犯或干擾受僱者的人格尊嚴、人身自由或影響其工作表現。例如講黃色笑話，眾人訕笑，使在場其他人深感困窘、不舒服，此即為敵意環境。「交換式工作場所性騷擾」是指雇主利用職權，對受僱者或求職者為明示或暗示之性要求、具有性意味或性別歧視之言詞或行為，作為僱用與否、報酬、考績、陞遷或獎懲等之交換條件。例如補習班老師見到同學亭亭玉立，藉故搭訕，並提出如果與其交往，願意免費幫他課後輔導，此即構成交換式性騷擾。受僱者無論是否於工作時間、是否隸屬同一事業單位、是否為雇主或最高負責人皆適用性別平等工作法之規定[10]。

　　《性別平等工作法》於2023年8月16日增訂企業僱用10人以上未達30人應設置處理性騷擾申訴管道，並經公開揭示；企業僱用30人以上者，應訂定性騷擾防治措施、申訴及懲戒規範，並經工作場所公開揭示[11]。為防治性騷擾之發生，雇主應設置處理性騷擾之專線電話、傳真、專用信箱、電子信箱或其他指定之申訴管道[12]。此外，雇主應制定性騷擾防治措施、申訴及懲戒規範，包含透過勞資雙方會議進行工作環境性騷擾風險類型辨識，預防規劃以提供必要防護措施；定期舉辦防治性騷擾之教育訓練，以實體、數位課程或電子傳輸方式宣導性騷擾防治資訊；制定性騷擾事件之申訴、調查及處理程序，並指定人員或單位負責、以保密方式處理申訴，並使申訴人免於遭受任何報復或其他不利之待遇、對調查屬實行為人之懲戒或處理方式；明定最高負責人或僱用人為被申訴人時，受僱者或求職者得向地方主管機關提起申訴，建立公權力介入的外部申訴管道，以保障相關申訴權益。

　　雇主於知悉性騷擾情形時，應採取下列立即有效的糾正及補救措施，以避免性騷擾再度發生、提供諮詢、諮商之必要服務、調查性騷擾事件、對性騷擾行為人適當懲戒[13]，藉由建立事前有效且可信賴的申訴調查機制

10　《性別平等工作法》第13條第3項：「有下列情形之一者，適用本法之規定：一、受僱者於非工作時間，遭受所屬事業單位之同一人，為持續性性騷擾。二、受僱者於非工作時間，遭受不同事業單位，具共同作業或業務往來關係之同一人，為持續性性騷擾。三、受僱者於非工作時間，遭受最高負責人或僱用人為性騷擾。」
11　《性別平等工作法》第13條第1項。
12　《工作場所性騷擾防治措施準則》第3條第1項。
13　《性別平等工作法》第13條第2項。

與事後糾正補救，強化雇主防治的義務與責任。就受理程序上，申訴人得以言詞、電子郵件或書面方式提出，如以言詞或電子郵件提出申訴，受理人應作成紀錄，並由申訴人閱覽。應注意者，雇主應謹慎看待性騷擾申訴，不應擅自以爲基於好意，勸說申訴人不要過於在意，或者自行向申訴人評估可能無證明性騷擾成立。至於申訴處理單位，如企業僱用30人以上者，其組成成員應具備性別意識之專業人士，且女性成員比例不得低於二分之一[14]；企業僱用未達30人者，爲處理性騷擾之申訴，得由雇主與受僱者代表共同組成申訴處理單位，並應注意成員性別之相當比例[15]。所謂具備性別意識是指基於個人認同性別平等之價值，瞭解性別不平等之現象及成因，並具有改善現況之意願。至於要求女性成員之比例，則是爲配合性別主流化政策，於職場性騷擾案件處理，男性和女性得獲取相同參與之機會，以作出公正、客觀的決定或處理。如企業僱用100人以上者，除依設置申訴處理單位外，並應組成申訴調查小組，負責申訴案件的調查[16]。

　　雇主於調查性騷擾事件，建議將案件提交申訴處理單位（或調查小組）進行初步討論，並由申訴處理單位（或調查小組）研議案件之後續處理方式。申訴處理單位召開會議時，應通知當事人及關係人到場說明，給予當事人充分陳述意見及答辯機會。性騷擾申訴事件之內容應包含性騷擾申訴事件之案由，包括當事人敘述；調查訪談過程紀錄（包括日期及對象）；事實認定及理由例如：性騷擾之判斷依據及標準、申訴行爲是否發生、事件發生背景、雙方關係、申訴人之反應及對此事件之影響、被申訴人的認知等；及處理建議。

　　調查結果完成後，應依申訴處理單位作成決議，如性騷擾事件成立，則雇主得視情節輕重及工作規則、勞動契約等給予適當之懲戒或處理，情節重大者，則得依《性別平等工作法》第13條之1第2項之規定不經預告終止勞動契約[17]；行爲人如爲最高負責人或僱用人，經地方主管機關調查

---

[14] 《工作場所性騷擾防治措施準則》第12條第1項。
[15] 《工作場所性騷擾防治措施準則》第12條第2項。
[16] 《工作場所性騷擾防治措施準則》第13條第2項。
[17] 《性別平等工作法》第13條之1第2項：「申訴案件經雇主或地方主管機關調查後，認定爲性騷擾，且情節重大者，雇主得於知悉該調查結果之日起三十日內，不經預告終止勞動契約。」

結果認定性騷擾成立時，由地方主管機關處以罰鍰[18]。如雇主未處理或性騷擾事件不成立，受僱者或求職者得逕向地方主管機關提起申訴[19]。於性騷擾事件結束調查處理後，雇主仍須就性騷擾事件爲後續追蹤、考核及監督，以避免再度發生性騷擾事件，或受僱者之間發生報復事件。

伍、結論

　　我國企業持續追求獲利與永續發展之前景，但近年企業面臨少子化及高齡化社會，人口結構組成及世代間工作價值觀改變趨勢已然成形，因應近年缺工情形，如何因應並留住優秀人才是當代企業不得不面對的永續經營問題。若企業長期忽視勞工之安全、健康與幸福感的需求，則員工遭遇職業災害、職場暴力、憂鬱症等可能增加，進而影響企業經營治理之成本，例如員工離職率、請假率、無效出勤率較高、失去核心企業精神或影響企業形象等，反而侵害企業永續發展，更得不償失。基此，企業雇主們無不開始重視如何打造獨特企業職場文化使企業永續發展，進而提升獲利與企業發展，並逐漸認知人力資本屬於企業重要資產，努力實踐職場、健康、安全及人權保障。

　　在建構及實踐職場永續健康與安全之實踐層面上，企業除應定期檢視在經營上是否遵守勞動法令，包含《勞動基準法》、《職業安全衛生法》及《性別平等工作法》，亦須透過辨識風險、預防的面向提升勞動條件確保勞工權益之永續發展。在職場安全衛生方面，應將職場永續健康指南的10項準則納入工作準則，以領先指標佐證職業健康與安全管理績效；在職場霸凌方面，應歸納、分析不法侵害事件，於工作規則訂定職場不法侵害事件通報機制，提供良好的工作環境，並透過績效評估方式修改、降低不法侵害，以監控及預防職場霸凌發生之頻率；就職場性騷擾方面，考量企業經營成本，目前法規依照企業規模不同課予不同的防治措施，並要求

---

[18]　《性別平等工作法》第38條之2第1項：「最高負責人或僱用人經地方主管機關認定有性騷擾者，處新臺幣一萬元以上一百萬元以下罰鍰。」

[19]　《性別平等工作法》第32條之1第1項：「受僱者或求職者遭受性騷擾，應向雇主提起申訴。但有下列情形之一者，得逕向地方主管機關提起申訴：一、被申訴人屬最高負責人或僱用人。二、雇主未處理或不服被申訴人之雇主所爲調查或懲戒結果。」

企業無論事業規模大小，於知悉職場性騷擾情形時，應採取立即且有效之糾正及補救措施。《性別平等工作法》於2023年修法後，課予企業依規模大小於工作規則中訂定申訴管道及性騷擾防治措施申訴及懲戒規範，即透過事前預防保障受僱者或求職者之權益。為建立企業內和諧勞資關係及符合永續經營目標，企業應因應趨勢進行轉型及變動，以維持企業的競爭力。

全球視野下的勞資戰線：國際人權規範對跨國投資的挑戰與機遇

廖婉君、王祖瑩

壹、前言

隨著全球經濟發展，臺灣企業亦大幅跨國投資經營以擴大營運及市場規模，然而近年許多知名企業或因對當地法規不熟悉，或因未先深入瞭解當地民情文化與工作習慣，屢屢發生大型勞資爭議事件或面臨當地主管機關之高額裁罰[1]，除影響企業於當地之獲利和營運外，對企業之經營形象、品牌價值及商譽等亦會嚴重受損。然而以上皆僅止於實際案件發生時，對企業於當地或母公司所在地之影響，部分企業或許僅視為個別勞資糾紛事件處理；惟隨著國際人權規範發展逐步成熟，企業內部如何處理勞資爭議事件及加強勞工權益保障等議題，將會被各國政府或其供應鏈廠商要求揭露及放大檢視。

以歐洲議會於2024年5月24日正式通過之《企業永續盡職調查義務指令》（*Corporate Sustainability Due Diligence Directive*, CSDDD）為例，要求大型企業應進行有關環境與人權盡職調查義務，且其適用對象將不限於歐盟企業，尚包括於歐盟境內營業額超過一定金額之非歐盟企業[2]，未遵守者將面臨行政處罰。申言之，企業若有計畫進行跨國投資經

---

[1] 2020年12月，臺灣緯創資通位於印度南部之廠房，傳出工人因薪資問題暴動，砸毀辦公設備和部分生產線及車輛，參見劉學源，「緯創印度南部廠房被砸　資方稱破壞者是外部歹徒」，中央通訊社，2020年12月13日，https://www.cna.com.tw/news/firstnews/202012130002.aspx（最後瀏覽日：2024/9/16）；2023年12月，台積電前往美國亞利桑那州設廠引發勞資爭議，參見簡永祥，「台積美廠勞資爭議落幕　晶圓廠裝機可望加速」，聯合新聞網，2023年12月8日，https://udn.com/news/story/7240/7626346（最後瀏覽日：2024/9/16）；2024年4月，臺灣知名連鎖餐飲業鼎泰豐於澳洲設立之公司因支付員工薪資低於法定標準，遭澳洲公平工作調查專員署（Fair Work Ombudsman）處以390萬澳元（約新臺幣8,171萬元）的罰款，參見Keoni Everington, "Taiwan's Din Tai Fung in Australia fined NT$81 million for underpaying workers," Taiwan News, April 11, 2024, https://www.taiwannews.com.tw/news/5256040 (last visited: 2024/9/16).

[2] 依據2024年7月5日之歐盟官方公報，CSDDD第2條第2項就非歐盟企業之適用範疇包括：(1)該企業於前

營或與國外企業合作，勢必須正視勞資關係並訂定相關公司內部規範，以保障勞工權益及審慎處理勞資爭議。

　　所謂人權規範與勞工權益之關係，或是企業應擔負何種程度之人權盡職調查義務，本文將主要以甫通過之CSDDD進行說明介紹，協助企業瞭解國際人權規範及勞資條件趨勢，以利提早進行規劃準備。

貳、企業應認識之人權議題及國際公約

　　企業作為社會經濟活動之主要角色，除獲利表現為判斷企業能力之主要因素外，社會逐漸期望企業亦應承擔相應之社會責任，其中即包括對人權之重視及維護。從國際規範發展來看，2011年，聯合國人權理事會通過《聯合國工商企業與人權指導原則》（UNGPs），釐清企業於商業活動與人權相關之風險與責任義務，並整合既有的國際人權標準；同年，經濟合作暨發展組織（OECD）修訂了《OECD多國籍企業指導綱領》，鼓勵跨國企業採取符合責任企業行為（Responsible Business Conduct, RBC）的行動；國際勞工組織（ILO）則是多次修訂《多國企業和社會政策的三方原則宣言》，強調國家保護人權和企業尊重人權的責任。

　　該等國際規範不斷重申或相互引用有關企業應承擔之人權責任，許多國家亦已將這些人權概念落實於國內法制，故對企業而言，瞭解人權責任之內涵並制定相應的查核機制，確保於他國投資經營時已檢視、評估所有相關之企業人權議題，並已規劃及制定因應措施，可有效降低企業面臨之勞動爭議及裁罰風險；另一方面，就企業目前已採用或計畫將推動之政策，若屬於企業應盡之人權責任一環，企業亦得繼續維持並以此強化企業形象及提升品牌價值，有利企業和其他交易往來事業維持穩定之合作關係。

　　以下根據國際勞工組織所提出之《多國企業和社會政策的三方原則宣

　　二年之會計年度，在歐盟淨營業額超過4.5億歐元；(2)該企業未達前述(1)門檻，但旗下集團企業於前二會計年度合併財報達前述門檻，且該企業為集團企業之最終母公司；(3)該企業在歐盟內、或其作為最終母公司之旗下集團企業在歐盟內，與獨立第三方訂立加盟經營或授權協議，該協議於歐盟內產生之權利金於前二年之會計年度內超過2,250萬歐元，並且公司或其集團在前二會計年度於歐盟的淨營業額超過8,000萬歐元。另依據同條第5項，企業連續二個會計年度符合上開門檻者始適用CSDDD，如企業在最近二個會計年度內不再滿足前述條件，則可停止適用CSDDD。

言》，從企業營運角度介紹重要勞動人權內容：

一、促進就業和就業保障

　　企業在開展業務時，應考量到當地之就業情形及社會發展政策，並考慮使用當地之技術、原材料或與當地之供應商簽約。

　　此外，企業應藉由積極就業規劃，努力為勞工提供穩定之就業機會，如企業於當地之經營面臨重大變化而影響勞工就業情形時，亦應通知政府主管當局及勞工和其組織代表，盡可能減少不良影響，並避免違法解僱之程序。

　　以我國勞動相關法規範和實務見解為例，雇主不得任意解僱勞工，解僱應僅為最後手段，未符合程序之解僱將構成不合法解僱，雇主恐歷時長期之勞資調解、訴訟程序後，仍需繼續聘雇該勞工並給付爭議期間之薪資，除費時傷財外，亦有損企業形象，建議應事前完善企業內部工作守則及教育訓練，並建構符合當地法令規範之聘雇、績效改善及解僱流程，以符合當地勞動法令規範，方有利企業之永續發展。

二、企業提供社會保障

　　企業得藉由提供雇主額外資助之保障計畫，以促進勞工享有之社會保障，例如提供較當地法規範更為優渥之福利政策及退休計畫等優惠措施。

三、消除強迫勞動或強制勞動

　　企業應於職權範圍內盡合理之努力，確保企業內並無強迫或強制勞動之情形。由於強迫勞動最常發生在勞工與雇主有明顯資訊和地位落差之情形，雇主應從勞工之角度和背景解釋企業政策是否有強迫性，本文將於後述第肆節以曾發生之實例進行詳論。

四、杜絕童工勞動

　　企業應尊重最低就業或工作年齡之限制，並在其職權範圍內採取有效措施，確保在其經營活動中有效杜絕童工勞動之情形。

　　以我國勞動相關規範為例，未滿15歲之人，原則不得受僱；而15歲以上未滿16歲之受僱者，其每日工時不得逾8小時，每週工時不得逾40小時，亦不得使其於晚間8時至翌日6時之夜間時段工作。

五、機會均等和待遇平等

　　企業應遵循不歧視原則，尤其在招聘、安排職務、培訓和晉升之評斷上，應以勞工之技能、經驗作為依據，而非基於其種族、膚色、性別、宗教、政治見解、民族血統或社會出身。

　　我國《就業服務法》第5條第1項[3]即有類似規範，故雇主除應考量國際規範之內涵外，亦應注意並遵守各地政府實際落實國際規範精神後之相關法令規範。

六、教育訓練及培訓計畫

　　企業應依其經營發展需要及當地之政策，為其勞工提供合適之教育訓練及培訓計畫，使當地管理人員有更多處理應對之知識及經驗傳承。

七、工資、福利和工作條件

　　企業所提供的工資、福利和勞動條件，不應低於其所在國家之同類型雇主，如果無同類型雇主，應考慮工人及其家庭的需求，及該國的工資水

---

[3]　《就業服務法》第5條第1項：「為保障國民就業機會平等，雇主對求職人或所僱用員工，不得以種族、階級、語言、思想、宗教、黨派、籍貫、出生地、性別、性傾向、年齡、婚姻、容貌、五官、身心障礙、星座、血型或以往工會會員身分為由，予以歧視；其他法律有明文規定者，從其規定。」且依據勞動部93年11月11日勞職業字第0930204733號令函釋，其中所稱「求職人或所僱用員工」亦包含：「……二、依法取得許可在我國境內工作之外國人。三、與中華民國境內設有戶籍之國民結婚，且獲准居留，依法在我國境內工作之外國人。四、依法許可在臺灣地區依親居留，並取得許可在臺灣地區工作之大陸地區人民。五、依法許可在臺灣地區長期居留，居留期間在臺灣地區工作之大陸地區人民。六、依法許可在臺灣地區工作之取得華僑身分之香港、澳門居民及其符合中華民國國籍取得要件之配偶及子女。七、依法取得許可在臺灣地區工作之香港、澳門居民。」

準、生活成本、社會保障福利及其他社會群體的相對生活水準及當地經濟因素。

八、安全和衛生工作環境

企業應在符合當地法令規範及政府要求之前提下，維持最高的安全與健康標準，並根據其對所經營事業的相關經驗，包括對其營運可能面臨的特殊危害，向勞工代表、有關主管機構及所有勞工和雇主組織提供於當地營運之相關安全與健康標準資訊，並應根據需求提供其在其他國家所遵守之相關安全與健康標準資訊。此外，企業應向相關人士公布與新產品或新製程相關之特殊危害資訊及相應的防護措施。

九、組織工會之權利

企業與當地企業所僱用之勞工應同樣享有組織工會之權利，並且在符合相關組織規則的情況下，無需事先批准即可加入其選擇的組織，並免於在就業方面受到歧視。

另外，當地政府亦不應為提供特殊誘因以吸引外國資金之情形下，限制勞工之結社自由、組織權和集體談判權。

在無損企業營運和管理企業與勞工及其組織代表之間正常關係的程序下，勞工代表在舉行會議、進行協商和交換意見時，不應受到阻礙。

十、勞工代表集體談判

企業應為勞工代表提供必要資源，以協助發展有效的集體協議，並使經正式授權的勞工代表，能夠與企業管理層代表進行談判，且這些管理層代表有權就談判事項做出決策。

十一、定期勞資協商

除上述集體談判之情形外，企業應與勞工和勞工代表制定制度，就共同關心之議題進行定期協商。

十二、勞資爭議救濟和申訴

企業應利用其影響力，鼓勵其商業夥伴提供有效的手段，以補救侵犯國際公認人權的行為。

此外，企業應當尊重其所僱用勞工的權利，並應以符合以下規定的方式處理勞資申訴：任何單獨或與其他勞工共同提出申訴的勞工，若認為其有理由提出申訴即應有權提出，而不應因此遭受任何偏見，並且有權使該申訴依據適當程序被審查。

如果企業所在國家對於國際勞工組織關於結社自由、組織和集體談判權利、歧視、童工勞動、強迫勞動以及安全和衛生工作環境等公約並不重視時，企業將擔負更多責任，以確保無上開違反人權公約之情形。

十三、勞資爭議的解決

企業應當與勞工代表或工會組織共同尋求建立適合當地國情的自願調解機制，亦可能包括建立合意仲裁的規定，以幫助預防和解決雇主與勞工間的勞資爭議。在自願調解機制中，雇主和勞工應當具有平等之代表權。

就上開人權議題內涵，依據《聯合國工商企業與人權指導原則》[4]，企業應依國際公約[5]之標準評估企業營運是否有對勞動人權產生影響，並依其業別、規模，自籌劃投資時起即持續進行「人權盡職調查」及建立配套措施，除可作為事先預防勞資爭議風險之規劃外，當實際發生法律控訴風險時，執行適當的人權盡職調查亦可協助企業主張其已採取所有合理且必要的措施以避免涉入人權侵犯行為。此外，企業除預防自身之營運活動造成人權侵害外，更應擴及上下游供應商之供應鏈管理，以預防及避免其供應商造成負面人權影響及損害企業商業及品牌價值，而相當多的跨國品

---

[4]　《聯合國工商企業與人權指導原則》，分別從國家、企業及受害人三大面向訂有31個指導原則，其中屬於企業應重視並遵守之第11條至第24條指導原則，主要內涵係指企業應尊重人權及避免侵犯人權，並應依國際公約之標準評估企業營運是否有對人權產生影響。

[5]　此處之國際公約標準包括：《世界人權宣言》、《公民權利與政治權利公約》、《經濟、社會及文化權利國際公約》、《工作中基本原則和權利宣言》所載之8項ILO核心公約（ILO第111號《禁止就業與職業歧視公約》、第100號《男女勞工同工同酬公約》、第98號《組織權與集體協商權利原則的實施公約》、第105號《廢除強迫勞動公約》、第29號《禁止強迫勞動公約》、第87號《結社自由及組織保障公約》、第138號《准予就業最低年齡公約》、第182號《禁止及消除最惡劣型態童工公約》）。

牌在面臨代工廠發生剝削勞動人權及迫害的勞動環境等實際案例及新聞負面評價後，對此議題之重視亦列爲品牌商考核代工廠能否獲得合格廠商資格審查的重要評估關鍵[6]。

參、歐盟規範：企業永續盡職調查義務指令

歐洲議會於2024年5月24日正式通過之CSDDD，係正式將《聯合國工商企業與人權指導原則》中有關企業人權盡職調查義務納爲對歐盟國家具強制性拘束力之法律規範，CSDDD已於2024年7月5日之歐盟官方公報公告[7]，且於公告後20日生效，後續之強制性環境與人權盡職調查義務最快將於2027年中適用於受規範之企業，建議受規範企業應開始盤點內部勞動人權的執行狀況，並逐年檢視及調整內部規範，以符合前述人權盡職調查義務[8]。此外，CSDDD已明確規定如果勞動人權損害是由集團內公司及其子公司共同造成，或由公司和業務夥伴共同造成者，則公司將承擔連帶責任，建議企業應針對集團公司及協力廠商對於勞動人權的保障落實整體規範，以避免連帶法律責任。

---

[6] 以美國體育用品大廠Nike爲例，長期以來一直遭外界批評是剝削海外勞工的血汗工廠，爲改善其品牌形象，Nike自2005年後開始完整布公其合作之供應商名單，總數逾700家，爲大型服裝製造業之首例，參見https://www.trademag.org.tw/page/newsid1/?id=408516&iz=6（最後瀏覽日：2024/9/16）；全球知名環保慢時尚品牌艾琳費雪（Eileen Fisher）亦大膽於其官網公布，將從產品之原料產地一路追蹤至製造工廠，以確保作爲產品原料之棉花是有機、布料是安全染色，且參與縫紉的工人皆得到公平對待，並將供應商，包含大部分紡織廠、紡紗廠和染廠及種植天然材料的農民的位置繪製成圖，上傳至「開放供應商登錄（OSH）」平臺，供各方利害關係人公開搜尋其供應商名單，參見B型企業協會，「拒絕壓榨勞工！環保慢時尚品牌『艾琳費雪』的永續之路」，ESG遠見，2023年11月29日，https://esg.gvm.com.tw/article/38592（最後瀏覽日：2024/9/16）；蘋果iPhone亦對其原料供應商、代工製造商要求遵循其《供應商行爲準則》，據蘋果「2020年供應商責任進度報告」資料，自2009至2019年的11年之間，蘋果總共刪除了145家供應商，參見王子承，「不只緯創！蘋果半年內盯上3家代工廠　無視『這原則』恐遭踢出供應鏈」，2020年12月28日，https://csrone.com/news/6657（最後瀏覽日：2024/9/16）。

[7] "Directive (EU) 2024/1760 of the European Parliament and of the Council of 13 June 2024 on corporate sustainability due diligence and amending Directive (EU) 2019/1937 and Regulation (EU) 2023/2859 (Text with EEA relevance)," EUR-Lex, September, 2024, https://eur-lex.europa.eu/legal-content/EN/TXT/?uri=OJ:L_202401760 (last visited: 2024/9/16).

[8] 依據CSDDD第25條，如受規範企業違反CSDDD，相關監管機構得：(1)命令公司停止相關行爲或採取行動使公司符合規定；並在適當情形下，於適當期限內採取補救措施；(2)處以金錢處罰：各成員國應確保CSDDD之實施，並就違反CSDDD之行爲制定處罰規定，且包括金錢處罰，最高處罰額應至少爲該公司前一會計年度全球淨營業額的5%；(3)在有迫切且嚴重不可回復之損害發生風險時，採取臨時措施。另外在民事賠償責任部分，CSDDD要求成員國確保企業因故意或過失未能遵守第10條和第11條之義務（預防和減輕不利影響及終止或最小化不利影響）時，應對造成的損害負責，雖然企業之行爲與損害之因果關係仍待個案法院認定，但CSDDD明確規定如果損害是由公司及其子公司共同造成，或由公司和業務夥伴共同造成，則公司將承擔連帶責任。

　　依據CSDDD第3條第1項，其明確將「對人權不利影響」（Adverse Human Rights Impact）定義爲因違反附件所列權利或禁令而對受保護人員造成之不利影響，而此處所列之權利或禁令係登載於各國際公約中，其中即包括《世界人權宣言》、《公民權利和政治權利國際公約》、《經濟、社會和文化權利國際公約》、《兒童權利公約》及ILO的《多國企業和社會政策的三方原則宣言》等。除一般企業應確保公司採取適當措施，以識別其自身營運或其子公司的營運以及在其事業活動鏈、上下游供應商供應鏈相關的業務關係中，所產生的實際和潛在的人權不利影響外，歐盟委員會亦在討論及評估，對於受監管之金融機構，是否應在其提供金融服務或投資活動方面另制定額外之永續盡職調查標準，以供金融機構在提供金融服務前進行實際和潛在之人權不利影響評估，並預計至遲應於CSDDD生效2年內提出評估報告或立法提案。

　　當企業辨識出其實際和潛在之人權不利影響後，應在相關情況下採取以下行動：

一、根據預防措施的性質或複雜性，必要時制定並實施預防行動計畫，設定合理且明確定義的行動時程表，以及衡量改進的定性和定量指標，且預防行動計畫應在與受影響利益相關者協商後制定。

二、向與其有直接業務關係的商業夥伴尋求契約保證，確保其遵守公司的行爲守則及遵守預防行動計畫，包括從其供應鏈之其他企業尋求相應的契約保證，且契約保證應附有適當的措施以驗證合規性，例如公司可以參考適當的行業倡議或經由獨立的第三方驗證。

三、對管理、生產流程或基礎設施進行必要的投資，以符合企業預防行動計畫之需求。

四、在企業與中小企業建立的業務關係中，若遵守行爲守則或預防行動計畫可能危及中小企業的生存，企業應提供適當的支持。

五、遵守包括競爭法在內的歐盟法律，並與其他公司組織合作，包括在適當情況下，增強公司終止人權不利影響的能力。

　　惟當上述行動仍無法有效防止或減輕對人權之不利影響時，企業則必須考慮與造成人權不利影響之合作事業終止或避免繼續其合作關係，申言之，受CSDDD規範之事業，其合作往來對象亦須避免有任何造成實際或

潛在人權不利影響之情形，否則將失去商業合作機會。

　　適用CSDDD之企業將依其規模及營業額分階段[9]進行上開之人權盡職調查義務，並每年公布盡職調查報告，影響範圍包括大型歐盟企業與非歐盟企業，大型歐盟企業係指員工數超過1,000名、全球淨營業額超過4.5億歐元者，預估將有6,000個企業受影響；對於非歐盟企業，則係指於歐盟淨營業額超4.5億歐元之企業，預估將有900個企業受影響。然而當受規範企業在進行人權盡職調查時，其調查範圍係涵蓋從上游產品生產、服務提供，至下游產品分銷、運輸及存貨的所有事業活動範圍及其合作事業（Chain of Activities[10]），故實際受影響之事業將遠高於上開估計。

　　歐盟各會員國之監管機關得對未遵守相關規範之企業處以行政處罰，包括對違反之企業處以最高金額為其全球年淨營業額5%之罰款，如公司未於期限內遵守有關行政罰款之處罰，將可能面臨公司名稱及其違反行為被公布之處罰。此外，於CSDDD之適用下，因企業侵害人權行為而遭影響之受害者，應有至少5年之期限提出損害賠償之請求[11]；申言之，企業未來在進行人權盡職調查時，除一方面係為符合主管機關之監管外，另一方面亦係為潛在之第三方民事求償做準備，藉由完善內部查核、管理機制，可協助企業在面臨相關法律控訴時，得有效主張已採取合理措施避免涉入人權侵犯行為。

---

[9]　依據CSDDD第37條，成員國應於2026年7月26日之前，採納並公布符合CSDDD所需的法律、法規和行政規定，企業將依規模分階段適用：1.歐盟企業：(1)員工數超過5,000名、全球淨營業額超過15億歐元之歐盟企業，為指引生效後3年開始適用；(2)員工數超過3,000名、全球淨營業額超過9億歐元之歐盟企業，為生效後4年開始適用；(3)員工數超過1,000名、全球淨營業額超過4.5億歐元之歐盟企業，為生效後5年開始適用。2.非歐盟企業：(1)歐盟淨營業額超過15億歐元之非歐盟企業，為指引生效後3年開始適用；(2)歐盟淨營業額超過9億歐元之非歐盟企業，為生效後4年開始適用；(3)歐盟淨營業額超4.5億歐元之非歐盟企業，為生效後5年開始適用。

[10]　CSDDD將企業需調查之範疇擴至企業之「活動鏈」（Chain of Activities），相較於常聽到的供應鏈（Supply Chain）和價值鏈（Value Chain），活動鏈剛好介於二者之間，折衷地僅選擇公司上游業務合作夥伴與公司生產商品或提供服務相關的活動，包括產品設計、原材料開採、採購、製造、運輸、儲存和供應，以及產品或服務的開發；以及公司的下游業務合作夥伴在分銷、運輸和產品儲存方面的活動。

[11]　CSDDD第29條第3項(a)。

肆、人權規範下之勞資爭議實際案例

　　隨著歐盟CSDDD的推動下，未來可預見將有更多國家將人權盡職調查義務及揭露作為企業強制性義務，目前亦已有許多國際大型企業也要求合作廠商必須進行有關勞工權利之盡職調查並要求簽署供應商行為準則聲明書[12]，以確保供應鏈對於勞動人權之相關規範及行為業已符合國際規範。惟目前仍有許多企業未將勞工待遇與人權規範內涵連結，已違反國際人權規範之內涵卻未自知，故本文將以強迫勞動之內涵說明，強調企業亟需改正現行做法並完善內部認知，避免成為阻卻企業向外發展之風險。

　　參照國際勞工組織（ILO）之《強迫勞動公約指標》手冊，對於強迫勞動之理解並不應僅限於實體空間限制，或是公然的人身暴力，國際定義之強迫勞動泛指「以任何懲罰之威脅迫使而致，且非本人自願提供的工作或服務」，即「處罰威脅」和「非自願」二項重要判斷因素，而自願的意義不應僅指勞工在形式上和契約上的同意，如果是在不自由或是資訊不充足情形下所為之同意，且勞工無任意離開工作的自由，仍屬於非自願的範疇。

　　於先前COVID-19疫情爆發時，經新聞媒體報導曾有僱用外籍移工之企業，為避免造成疫情傳播加劇及影響公司的生產能力，而實施許多強制的管理手段，包括對移工宿舍進行門禁管制、限制其自由外出，甚至裝有監視攝影機以方便進行管理，如有違反之移工將會被進行記點處罰，即有可能構成以強迫手段強制勞動行為之虞[13]；對違反之勞工進行扣薪、開除，亦屬於違反勞工就業保障及勞工條件之情形；此外，部分工廠同時有外籍移工和本國籍移工，卻只有外籍移工之出入受限制，使企業之管制措

---

[12] 以我國半導體製造大廠台積電為例，其致力提升供應鏈管理績效，發揮責任供應鏈的永續影響力，故要求其供應商皆需簽署「台積公司供應商行為準則」。參考行為準則，其定義出「勞工、健康與安全、環境保護、道德規範及管理體系」等五大要點，供應商應制定與行為準則內容相符之管理體系，確保符合與供應商營運和產品相關的適用法律、法規及客戶要求，諸如進出口法規、職業安全、工資與福利及公平交易、廣告和競爭標準等。

[13] The Guardian, "Taiwan factory forces migrant workers back into dormitories amid Covid outbreak," June 11, 2021,https://www.theguardian.com/world/2021/jun/11/taiwan-factory-migrant-workers-dormitories-covid-outbreak?fbclid=IwZXh0bgNhZW0CMTEAAR1-Jk2uDCmgmiSMgVUlFR7aoRXkmTrgWS9FlsCx44CJwNwj8QX-w2DTNcb0_aem_Os8HsTbZHmtevIUptyH8oA (last visited: 2024/9/16).

施缺乏正當性，亦有違反勞工平等待遇之情形[14]。或有雇主認為鑑於當下疫情之嚴重性，限制移工出入乃基於不可抗力因素之必要措施，但上開限制或管控出入之行為得否以疫情防治作為阻卻違法事由仍需個案判斷。

　　強迫勞動之另一判斷指標為對勞工之恐嚇及威脅，亦即利用勞工弱勢處境控制其勞動狀態。於2021年疫情期間，據新聞媒體指出，部分工廠除透過管理措施限制外籍移工的行動自由外，甚至可能涉及以各種不當行徑威脅，以確保移工遵守禁足令。根據報導，有些仲介據稱以染疫死後屍體會立即火化、家屬沒有機會見其最後一面等語恐嚇移工。另其他恐嚇的行為甚至包括要求移工要承擔管控疫情的支出，或要求員工簽署並承擔，在違反公司規定之封鎖政策時，因生病所生之財務責任，或警告將追究其因染疫造成工廠內部群聚感染的個人法律損害賠償責任，其中還包括公司因而損害之商業形象[15]。

　　雖然上述公司措施或文件未必具備合法拘束力，甚至已有違法之虞，但對於人在異地工作且語言、文化不通之勞工而言，恐已構成利用其弱勢地位達到恐嚇威脅之目的，使勞工被迫依照企業指示進行勞動，有構成強迫勞動之風險。企業不僅需承擔當地法律責任之風險，亦可能導致失去國際供應鏈的重要交易機會，不可不慎。

伍、結語

　　雖國際公約在有關人權議題之發展已深耕多年，惟先前對於企業並無強制性之拘束力；聯合國人權理事會雖於2014年第26屆會議上通過了第26/9號決議，決定成立一跨政府工作小組（Open-Ended Intergovernmental Working Group, OEIGWG），其任務是在國際人權法之規範下就跨國公司和其他工商企業之活動制定一項具有法律約束力的國際文書，但目前

14　監察院新聞稿，「移工在疫情中遭到歧視的差別待遇，監察院通過糾正苗栗縣政府對移工的禁足令」，2022年7月28日。

15　The Telegraph, "Taiwan chipmakers keep workers 'imprisoned' in factories to keep up with global pandemic demand," June 25, 2021, https://www.telegraph.co.uk/world-news/2021/06/25/taiwan-chipmakers-keep-workers-imprisoned-factories-keep-global/?fbclid=IwZXh0bgNhZW0CMTEAAR28AfWZ3RXRic1I2pNATzWwQ6C7Ugla4coFyTiCv_RRzQrE1ztcx40SO6M_aem_QcouZFUItaw49DLI0Zx_Zw (last visited: 2024/9/16).

該法律文件仍處於草案階段[16]。

　　有鑑於此，人權議題一直缺乏足夠影響力、強制力，使多數企業對於人權議題仍相當陌生，或是未將其列為優先考量事項。直至近年，在「環境、社會及治理」（ESG）之永續潮流衝擊下，各國政府分別透過立法、修法或頒布行政指導方針等方式，將國際人權標準法制化[17]，而這些規範適用範圍並不僅限於當地註冊登記之企業，甚至擴及供應鏈、合作廠商，故對我國企業而言，雖我國目前尚無強制性規範，但皆有可能因此受影響。以本文介紹之CSDDD為例，有關環境與人權盡職調查義務之適用將不限於非歐盟企業，甚至擴及於歐盟國家有商業活動之企業。

　　有鑑上述國際趨勢，我國經濟部亦為協助臺灣企業於全球市場中遵循符合國際標準之人權規範，特於2024年8月公布更新之《臺灣供應鏈企業尊重人權指引手冊》草案，雖目前尚處於草案階段，但作為我國首份著重在企業與人權議題關係之政府文件，應值得我國企業以此為契機，加強對人權議題之認識並遵守。企業之人權議題主要係基於勞資間關係，而未來企業欲跨國進行投資經營，人權議題之維護將不再僅是加分項，而是企業應履行之義務，甚至在部分地區將會受到政府單位之監管與裁罰，故企業應適時尋求專業協助，以建立企業內部人權風險之管理、辨識及降低機制。

---

[16] 有關草案進度可參考聯合國人權理事會官方網站，https://www.ohchr.org/en/hr-bodies/hrc/wg-trans-corp/igwg-on-tnc（最後瀏覽日：2024/7/25）。

[17] 挪威的《透明度法案》於2022年7月1日生效，符合一定規模或營業額之在挪威註冊公司以及須在挪威納稅的外國公司需要對其營運和整個供應鏈（包括業務合作夥伴）進行人權盡職調查，如企業未遵守，可能會面臨限制業務活動之罰款或禁令；德國於2021年7月公布《供應鏈企業責任法》，並自2023年1月1日起生效，其規範企業需盡調查義務，建立有效的風險管理，以識別、避免或儘量減少侵犯人權及破壞環境的風險，且明訂在企業的業務領域及供應鏈中應有必要的預防及補救措施，並要求企業建立投訴流程及定期報告，該法自2024年起擴大適用至1,000名以上員工的企業；亞洲部分，臺灣、日本、韓國分別在2021年、2022年發布「國家人權行動計畫」，惟目前執行狀況皆僅在未具拘束力之指引、自願性規範或草案階段。

性平法在我國職場如何落實？
——以性騷擾防治為探討中心

黃蓮瑛、鄭育穎

壹、問題緣起

2015年9月，聯合國頒布「永續發展目標」（Sustainable Development Goals, SDGs），提出邁向永續發展的17項核心目標，期待藉此呼籲正視全球面臨的共同問題。其中SDGs的目標5（實現性別平等，並賦予婦女權力）、目標8（促進包容且永續的經濟成長，讓每個人都有一份好工作）及目標10（減少國內及國家間的不平等）均對性別的平等議題提出呼籲[1]，顯見如何有效落實性別平等已屬現今各國職場的重要議題，我國自不宜在這些目標及努力中缺席。

貳、國際趨勢介紹

相較臺灣，國際間更早開始重視職場性別平等議題，並對其採取相關建議。此等國際間的聲浪也促成臺灣近年來對此議題的重視，成為臺灣相關立法的重要推手。簡要說明國際趨勢如下：

一、性別平等權利受侵害之民事補救及賠償措施

早於SDGs被提出前，聯合國於1979年即通過《消除對婦女一切形式歧視公約》（*Convention on the Elimination of All Forms of Discrimination Against Women*, CEDAW），旨在闡明男女應平等享有一切經濟、社會、文化、公民和政治權利，並要求締約國透過立法及一切適當措施，消

---

[1] 參見陳芳毓、許鈺屏、李鈺淇，「SDGs懶人包》什麼是永續發展目標SDGs？17項目標一次掌握」，天下雜誌，2024年1月18日，https://futurecity.cw.com.tw/article/1867（最後瀏覽日：2024/7/12）。

除對婦女的歧視，確保男女於各方面均能享有平等權利[2]。其中，CEDAW委員會並於第19號一般性建議第17段及第24段說明：「如果婦女遭到基於性別的暴力，例如在工作單位受到性騷擾時，就業平等權利也會嚴重減損；締約國應採取一切必要的法律及其他措施，有效保護婦女不受基於性別的暴力，包括民事補救和賠償措施，以保護婦女不受各種暴力，包括家庭暴力和虐待、工作單位的性攻擊和性騷擾。」明確要求各國對於就業平等權利受侵害的女性，訂定民事補救及賠償措施。

二、職場性騷擾之超法規要求

2024年5月間，美國聯邦存款保險公司（Federal Deposit Insurance Corporation, FDIC）董事長格倫柏格（Martin Gruenberg）為多年來未能妥善處理面對職場的性別平等議題，遭聯邦參議院要求下臺，最後遞出辭呈。據報導，格倫柏格任期，共計有500多起投訴案，其中包含一位女員工曾因遭同事跟蹤向上級反應，惟仍不斷受到騷擾；另有一名駐外辦事處主管則嘲笑男同志為「小女孩」；還有一名女員工收到資深員工暴露私處的照片。由於此等職場性騷擾的問題層出不窮，格倫柏格因未能妥善盡其監督防免義務，進而導致辭職案發生[3]。

簡單來說，格倫柏格辭職案可說是在道德層次拉高性騷擾防治要求的一種展現。一般而言，為提高性騷擾防治強度，充分保障受害人，當單位發生性騷擾事件，此時，除了處罰性騷擾加害人外，連同將單位負責人納入民事連帶賠償責任，是督促單位負責人建立性別友善環境一種普遍的立法方式。然而，在格倫柏格辭職案中，聯邦參議院所尋求者，並不只是法律上的金錢賠償責任，而是超過法律規定之外，要求單位負責人透過辭任方式擔負監督不周之責，可說是一種「超法規」要求。這樣的超法規先例，無非是以更高強度手法企圖解決職場性騷擾，課與單位負責人超出法律層次之義務，有督促各單位負責人落實相關防免義務的積極意義。

---

2 《消除對婦女一切形式歧視公約》可參見行政院性別平等會網站，https://gec.ey.gov.tw/Page/FA-82C6392A3914ED（最後瀏覽日：2024/6/24）。
3 參見俞仲慈，「性騷、歧視⋯FDIC職場歪　風拜登將速汰換主席」，世界新聞網，2024年5月22日，https://www.worldjournal.com/wj/story/121173/7980196?from=wj_referralnews&zh-cn（最後瀏覽日：2024/6/30）。

參、臺灣法律現況介紹

一、2023年《性平法》修法的五大重點

　　為保障工作權之性別平等[4]，我國自2002年起施行《性別平等工作法》[5]（下稱《性平法》），其規範重點包含禁止性別歧視、防治性騷擾及促進工作平等。申言之，在臺灣《性平法》的保護可分為三大面向。在禁止性別歧視領域，《性平法》明定在招募、陞遷、福利措施、薪資給付及解僱等面向，雇主不得因性別或性傾向而有差別待遇，並明定職場應落實同工同酬之要求[6]；而在防治性騷擾領域，則藉明文雇主適當採取預防及因應措施，並制定救濟申訴管道以及對雇主之罰則，落實立法目的；至於促進工作平等領域，本法則透過明文生理假、產假及育嬰留職停薪等規定[7]，確保員工在職場能充分享有平等權。由於《性平法》欲涵蓋保護的層面很廣，為免龐雜，本文以下將以性騷擾防治為探討的中心。

　　為因應實施狀況，《性平法》歷年來有數次修正，最近2023年的修法（以下簡稱「新法」）在防治性騷擾方面也作出了實質修正，並增加許多雇主責任，企業應加以注意。本文謹簡要介紹新法的五大修法重點，提請企業注意。

(一) 將非工作時間之性騷擾納入規範

　　首先，因考量現實中，受僱者於非工作時間遭受性騷擾，雖非在工作場所內，惟仍與工作場所之人、事具緊密關聯，為徹底保護受僱者不遭受

4　《性別平等工作法》第1條第1項：「為保障工作權之性別平等，貫徹憲法消除性別歧視、促進性別地位實質平等之精神，爰制定本法。」

5　本法原名為《性別工作平等法》，並於2023年8月16日經總統公布，修正名稱為《性別平等工作法》，強化職場性騷擾防治機制。

6　《性平法》第7條：「雇主對求職者或受僱者之招募、甄試、進用、分發、配置、考績或陞遷等，不得因性別或性傾向而有差別待遇。」第8條：「雇主為受僱者舉辦或提供教育、訓練或其他類似活動，不得因性別或性傾向而有差別待遇。」第9條：「雇主為受僱者舉辦或提供各項福利措施，不得因性別或性傾向而有差別待遇。」第10條：「雇主對受僱者薪資之給付，不得因性別或性傾向而有差別待遇；其工作或價值相同者，應給付同等薪資。」第11條第1項：「雇主對受僱者之退休、資遣、離職及解僱，不得因性別或性傾向而有差別待遇。」

7　《性平法》第14條第1項：「女性受僱者因生理日致工作有困難者，每月得請生理假一日，全年請假日數未逾三日，不併入病假計算，其餘日數併入病假計算。」第15條第1項：「雇主於女性受僱者分娩前後，應使其停止工作，給予產假八星期；妊娠三個月以上流產者，應使其停止工作，給予產假四星期；妊娠二個月以上未滿三個月流產者，應使其停止工作，給予產假一星期；妊娠未滿二個月流產者，應使其停止工作，給予產假五日。」第16條第1項前段：「受僱者任職滿六個月後，於每一子女滿三歲前，得申請育嬰留職停薪，期間至該子女滿三歲止，但不得逾二年。」

性騷擾[8]，新法明確規範職場性騷擾的適用範圍，也包括受僱者於「非工作時間」遭受性騷擾的情形[9]。

(二) 將雇員10人以上未達30人之中小型公司納入規範

就規範範圍而言，舊法原僅規定僱用受僱者30人以上之雇主，應訂定性騷擾防治措施、申訴及懲戒辦法，並在工作場所公開揭示；新法修正後，為加強雇主防治責任，並保障被害人權益[10]，增加僱用受僱者10人以上未達30人之雇主，也應訂定性騷擾申訴管道且負有公開揭示義務[11]，擴大了規範對象。

(三) 於權勢性騷擾調查期間，雇主得暫時停止或調整被申訴人職務

新法增訂了「權勢性騷擾」的行為態樣，當性騷擾被申訴人具權勢地位、情節重大，於進行調查期間有先行停止或調整職務之必要時，雇主得暫時停止或調整被申訴人職務[12]；且新法中明定被害人可以申請調整職務或工作型態，避免被害人不知或不敢提出申訴。

(四) 申訴人不服雇主之調查或懲戒時，得直接向地方政府申訴

新法為簡化申訴流程，刪除原舊法下，對於雇主未為處理或業經雇主調查之申訴案件，申訴人於不服雇主對同屬或分屬不同事業單位被申訴人之調查或懲戒結果時，原須進行之內部申復機制，改賦予申訴人得直接向地方主管機關申訴的權利[13], [14]此部分修正可加速職場性騷擾事件之處理

---

[8]　《性平法》第12條第3項立法理由：「實務上，受僱者於非工作時間遭受性騷擾，雖非在工作場所內，惟仍與工作場所之人、事具有緊密關聯，為避免受僱者遭受持續性性騷擾。」

[9]　《性平法》第12條第3項：「有下列情形之一者，適用本法之規定：一、受僱者於非工作時間，遭受所屬事業單位之同一人，為持續性性騷擾。二、受僱者於非工作時間，遭受不同事業單位，具共同作業或業務往來關係之同一人，為持續性性騷擾。三、受僱者於非工作時間，遭受最高負責人或僱用人為性騷擾。」

[10]　《性平法》第13條第1項第1款立法理由：「為使雇主清楚瞭解所負之性騷擾防治責任，加強僱用受僱者十人以上未達三十人雇主之防治義務，於第一項增訂第一款，課予其應訂定並公開揭示性騷擾申訴管道，以保障相關申訴權益。」

[11]　《性平法》第13條第1項第1款：「僱用受僱者十人以上未達三十人者，應訂定申訴管道，並在工作場所公開揭示。」

[12]　《性平法》第13條之1第1項前段：「性騷擾被申訴人具權勢地位，且情節重大，於進行調查期間有先行停止或調整職務之必要時，雇主得暫時停止或調整被申訴人之職務。」

[13]　《性平法》第32條之1立法理由第2點後段：「對於雇主未為處理或業經雇主調查之申訴案件，申訴人若不服雇主對同屬或分屬不同事業單位被申訴人之調查或懲戒結果，為簡化申訴流程，取消現行向雇主內部申復之機制（工作場所性騷擾防治措施申訴及懲戒辦法訂定準則第十一條第一項參照），於第一項但書第二款定明申訴人於此情形亦得逕向地方主管機關申訴。」

[14]　《性平法》第32條之1第1項第2款：「受僱者或求職者遭受性騷擾，應向雇主提起申訴。但有下列情形之一者，得逕向地方主管機關提起申訴：二、雇主未處理或不服被申訴人之雇主所為調查或懲戒結果。」

流程，給予申訴人即時救援。

(五) 被申訴人為單位最高負責人或僱用人時，申訴人得直接向地方政府申訴

　　一般而言，職場性騷擾事件的救濟途徑，可分為「向公司內部申訴」及「向公司外部（即地方政府）申訴」二種。

　　在新法修正後，性騷擾事件被害人原則上仍須先透過內部申訴管道，請僱主採取立即有效之糾正及補救措施，如果僱主未採相關措施，或僱主雖已採相關措施但被害人不服其結果時，方可透過向地方政府申訴等公司外部程序尋求救濟；例外情況是在被申訴人即為該單位最高負責人或僱用人的情形，基於實難期待此情形下，被害人能透過公司內部申訴管道獲得有效救濟[15]，故法律例外允許此情況下的被害人可直接透過外部途徑，向地方政府進行申訴[16]。茲整理如圖1。

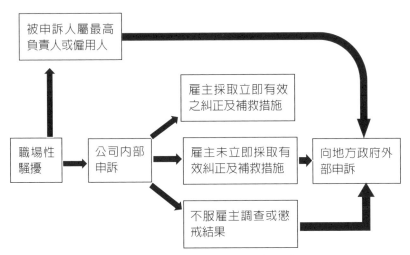

圖1　職場性騷擾被害人的救濟途徑

資料來源：參考勞動部勞動條件及就業平等司，「性別平等工作法及相關子法規定解析」簡報，頁9，作者自製。

---

[15] 《性平法》第32條之1立法理由第2點前段：「二、第一項定明受僱者或求職者遭受性騷擾時，原則應循內部申訴制度向僱主提起申訴，惟工作場所性騷擾行為人為最高負責人或僱用人時，其內部申訴制度能否有效運作，不無疑慮，爰於第一項但書第一款定明受僱者或求職者得逕向地方主管機關申訴，以強化其申訴權益。」

[16] 《性平法》第32條之1第1項第1款：「受僱者或求職者遭受性騷擾，應向僱主提起申訴。但有下列情形之一者，得逕向地方主管機關提起申訴：一、被申訴人屬最高負責人或僱用人。」

二、實務案例

(一) 臺中地院112訴字第3294號判決：性騷擾行為分次計算與雇主免責事由之具體化

　　職場性騷擾屬於一種侵權行為態樣，是以，相關行為自然應受到我國《民法》侵權行為規定[17]規範。然而，職場性騷擾行為與一般常見侵權行為（諸如車禍、詐欺等）仍有差異，特別是職場性騷擾具有於一定時間內密集或接續發生的特性，從而，在認定侵權行為的行為數上便格外重要：如果是將加害人各次的侵權行為全部視為一體，而視為一個侵權行為，則受害人只能請求加害人負擔一次侵權行為的責任；如果是將加害人各次侵權行為分別計算加總，此時受害人即可依據被騷擾次數向加害人請求負擔多次責任。

　　對此，臺灣臺中地方法院112年度訴字第3294號判決表示：「本院審酌被告……多次藉機對原告為上述性騷擾言行，致原告長期處於具冒犯性之工作環境，身體權及人格尊嚴屢遭侵犯及干擾，原告遭受此性騷擾困境，為能繼續於原工作單位任職，長期隱忍……本院綜合上情及兩造之身分、地位、經濟能力等一切情狀，認原告就被告乙○○所為如附表編號1、3至6等**5次侵權行為，各請求慰撫金20萬元，合計共100萬元**為適當。」[18]

　　本判決明確藉由採取「分別計算」見解，累次計算加害人侵權行為次數，有效提升被害人的求償金額，成功達到警惕作用。換言之，在此見解之下，應可督促未來所有職場係騷擾之加害人即時設立停損點，亡羊補牢、猶未晚矣，避免被害人承擔更多傷害。

　　上述判決還有一項重點，即具體化雇主免責事由。該則判決認為：「被告無限夢想公司既為原告之雇主，**即負有使其員工之工作場所符合性別工作平等法規範之性別友善環境之義務**，而原告係在任職期間遭被告為性騷擾前已認定，然未見被告無限夢想公司提出任何有關性騷擾之事前具

---

[17]　《民法》第184條第1項前段：「因故意或過失，不法侵害他人之權利者，負損害賠償責任。」
[18]　判決全文參見https://judgment.judicial.gov.tw/FJUD/data.aspx?ty=JD&id=TCDV,112%2c%e8%a8%b4%2c3294%2c20240528%2c3（最後瀏覽日：2024/9/16）。

體防範措施或監督機制，即難認其有性別工作平等法第27條第1項但書之免責事由存在，是原告主張依同條項本文規定，請求被告無限夢想公司就前開認定之慰撫金100萬元負連帶賠償責任，當屬有據，應予准許。」

在此意義下，雇主如欲免除自身責任，則必須在事前訂有具體防範措施或建立監督機制，方能依《性平法》第27條第1項但書規定：「但雇主證明其已遵行本法所定之各種防治性騷擾之規定，且對該事情之發生已盡力防止仍不免發生者，雇主不負損害賠償責任。」主張免責。本文以為，《性平法》之所以將雇主責任納入規範，即係期望透過雇主較高的職權，從上至下杜絕、改善職場性騷擾情事，本則判決之貢獻在於，明文雇主如欲免責的具體做法，給予雇主清楚依循方向，更避免因《性平法》第27條第1項但書之制定而廣開雇主免責大門，使原先立法美意付之東流，使本條規定成為具文。

(二) 臺高院105上易字第1352號判決：過度追求類型之職場性騷擾

職場性騷擾種類眾多，舉凡傳送訊息、裸露照片、牽手及其他肢體觸摸均是。實務上更有以「過度追求」成立職場性騷擾之案例。臺灣高等法院105年度上易字第1352號判決即指出：「按性別工作平等法第12條第1項第1款規定，職場上無論階級及性別均應相互尊重，任何人以性或性別關係而為具有性意味或性別歧視之言詞或行為，造成敵意性、脅迫性或冒犯性之工作環境，不當影響工作等之性騷擾行為，應構成對工作自由及人格尊嚴之人格法益侵害之侵權行為。……上訴人為已婚身分，卻**不當追求**與其有醫療業務協力關係之被上訴人，……上訴人**於追求遭拒後，即經常藉故公事針對被上訴人發怒，過度追求男女關係**，並引發工作上衝突等情，……上訴人所為應可認已**侵害被上訴人之人格尊嚴**，並影響被上訴人工作表現，自符合前開性騷擾防治法及性別工作平等法所稱**性騷擾**。」[19]

實則，《性平法》既有保障工作權之性別平等目的，自不應限縮解釋「性騷擾」行為的定義，否則將排除過多行為，而使本法之制定無法遂其目的，更無法真正保障被害人。觀諸高等法院之判決，透過將過度追求行

---

[19] 判決全文參見https://judgment.judicial.gov.tw/FJUD/data.aspx?ty=JD&id=TPHV,105%2c%e4%b8%8a%e6%98%93%2c1352%2c20170829%2c1（最後瀏覽日：2024/9/16）。

為納入本法規範中，即係藉擴充性騷擾行為之內涵，將職場中此等與性、性別以及男女關係有關，並且令人感到不適的行為一併視為性騷擾，此舉無非更保護被害人，俾使工作權之性別平等目的能有效運行。

(三) 勞動部102年勞裁字第59號裁決：職場性騷擾之包庇行為得採為考評標準

依前述說明，為確實防免職場性騷擾之發生，透過加強對雇主管制力道以促其課盡責任，已是現今立法及實務的共識。對此，102年勞裁字第59號裁決進一步強化了此一立場。[20]

本裁定申請人為某企業工會理事長，在任職期間得知桃園分行發生性騷擾事件，申請人本應克盡上開要求，惟申請人於知悉性騷擾人為工會一名理事時，竟告知被害人之父親「你下來桃園，我們不要到分行去，我叫他出來，開兩三千塊請你甲甲咧（臺語），打平啦，沒這回事。」且電話連絡A女告知其不要聲張，申請人會勸騷擾人少喝一點酒之言語；復與桃園分行經理、副理及襄理相談，並堅決反對要求騷擾人撰寫悔過書等行為，以免日後成為呈堂證物。關此，本裁決決定書即明示：「（申請人包庇職場性騷擾之行為）與上開性別工作等法之規定相悖。……然關於申請人蔡○○確有**不當涉入相對人前北桃園分行襄理王甲○○所涉之性騷擾案之行為**……則相對人對申請人蔡○○101年之考績評為乙等之行為，尚無逸脫考績評定之標準所為之考績評定或基於誤認前提事實所為之考績評定之情形。」

勞動部認為，如單位以主管「包庇職場性騷擾」此等不當涉入性騷擾案行為為由，對該主管之考評作出不利判斷，則此舉並未違法。換句話說，本見解賦予各單位主管一項義務，即在公司內部發生性騷擾事件時，主管不宜只採取消極立場，而是需積極介入，並處理改善；鑑於職場性騷擾之發生，時常是肇因企業內部體制缺失所致，此勞動部見解即係要求企業在體制出現破口後，須於事後做出改善，在現行法訂有性騷擾申訴之內部審查先行程序下，此見解即是要求企業課盡第一層防線角色，以強化被害人的救濟途徑。

---

[20] 裁決全文參見https://uflb.mol.gov.tw/UFLBWeb/wfCaseData.aspx（最後瀏覽日：2024/9/16）。

(四) 監察院113年2件矚目的彈劾及糾正案

　　近年來，我國監察院對於職場性騷擾之態度也可供借鏡。首先，對於我國外交部研究設計會副參事回部辦事呂志堅，在111年及112年擔任駐南非代表處前副參事期間，經常對屬員以具性意味的言行，並對外宣稱該職員為其女友、碰觸其手部及肩膀、摟抱等行為進行騷擾，令該名屬員深感不適乙節，於監察院調查屬實後，在113年4月以12比1票數彈劾呂志堅，並將其移送懲戒法院審理[21]。

　　此外，前駐菲律賓代表處大使徐佩勇，曾在111年及112年期間，多次利用公務之便，性騷擾菲律賓駐處女子，其行為包含性意味的言語、要求看該女胸部，並以該女身上有頭皮屑、髒東西為由，觸碰其身體。對此，監察院於113年5月全票審查通過彈劾案，將徐佩勇移送懲戒法院審理[22]。本案重點在於，監察院不只彈劾並移送騷擾人，更以本案有外交部人員未能依法採取立即有效的糾正及補救措施為由，對外交部進行糾正，並促請外交部議處違失人員，並加強宣導與教育訓練[23]。

　　實則，考量法律規範只是後階段的防治措施，故職場性騷擾的防治重點仍繫於各單位能否確實執行。如果單位縱容相關行為發生，或未能於第一時間立即介入調查、處理，則縱使法制規範完善，恐怕在法律介入時，被害人早已遭受傷害。從而，上開監察院督促之建設性即在於，其明確揭示單位人員第一線之防治責任，並要求相關人員能在事發後積極處理，避免在法律順利介入之前，被害人已受到更多傷害，此與前述勞動部裁決可謂前後呼應，可生引頸效尤之效。

---

[21] 113年劾字第9號彈劾案文參見https://www.cy.gov.tw/CyBsBoxContent.aspx?n=135&s=28675；相關新聞參見林哲遠，「外交官呂志堅言語騷擾、摟抱女下屬　監察院彈劾」，自由時報，2024年5月3日，https://news.ltn.com.tw/news/politics/breakingnews/4661781（最後瀏覽日：2024/6/25）。

[22] 113年劾字第14號彈劾案文參見https://www.cy.gov.tw/CyBsBoxContent2.aspx?n=718&s=28723；相關新聞參見陳俊華，「前駐菲代表徐佩勇涉性騷　監察院糾正外交部」，中央通訊社，2024年6月3日，https://www.cna.com.tw/news/aipl/202406030176.aspx（最後瀏覽日：2024/6/25）。

[23] 113國正0006糾正案文參見https://www.cy.gov.tw/CyBsBoxContent.aspx?n=133&s=28754（最後瀏覽日：2024/9/16）。

肆、結論及建議

綜合前述CEDAW委員會與SDGs之態度，足認國際間已認識對職場女性保障的重要性，並期望藉由法律及救濟措施健全相關機制。實則，國際對此議題的關注及重視，可謂開啟各國相關立法的楔子，此等啟發性內容，深值吾人肯定。惟本文以為，關於職場性騷擾之防免及平等權之落實，實不應只限於女性，站在防免職場性騷擾角度，吾人應將措施及制度環繞於性騷行為本身，並對此等破壞人性尊嚴與職場和諧之行為予以非難；在相關立法及制度建設中，不應侷限於性別角色，反之，應充分保障任何性別之人士，均能享有性別友善之工作環境，始能謂為周全。是以，上述國際觀點雖功不可沒，惟仍有待補充。

慶幸者為，此問題在我國法律已獲得進一步補足。我國《性平法》不分性別，將所有職場性騷擾均規範在內，此相較國際間做法，可認我國在此部分更加全面。再者，《性平法》在2023年修法後，又擴大規範對象，將中小型公司也加以納入管制；又職場性騷擾的態樣本即不限於工作時間內，在新法修正後，縱使於非工作時間內的職場性騷擾行為也納入規制，可避免有心人士規避法律責任。此外，我國實務也藉由行為數計算、行為態樣認定等方式，繼續擴大本法適用範圍，加強被害人保護。上述修法與實務配搭的結果，使我國相關法制漸趨成熟，應予以肯定。

惟本文以為，現行法仍有些許不足之處。簡言之，《性平法》雖已制定被害人得透過企業內部及地方政府兩種管道救濟，然而，為充分保護受害人，我國宜明文化更多被害人救濟途徑。亦即，本文考量職場性騷擾事件的被害人多已呈弱勢地位，且通常面臨難以啟齒、不知所措等恐慌情緒中，從而，我國宜考慮直接在法規中規定更多元救濟途徑，俾使被害人能知曉有哪些管道，並採擇最適合自身的方式。例如：參考美國實務上的救濟管道，除有企業內部申訴管道、向聯邦平等就業機會委員會請求行政救濟以及提起訴訟救濟外，尚有透過工會代表被害人向雇主協商談判[24]，以

---

[24] 焦興鎧，「工作場所性騷擾被害人在美國尋求救濟途徑之研究」，歐美研究，第29卷第3期，1999年9月，頁16-18。

及勞動仲裁[25]等救濟方式。因此，我國可考慮研議引入工會介入談判及勞動仲裁等機制一併納入立法，在《性平法》中賦予受害人更多救濟程序的選擇，藉此讓被害人得依自身情形尋求幫助，畢竟採取何種救濟途徑最能有效兼顧被害人利益，避免傷害擴大加劇，交由被害人決定當最為適洽[26]。

　　鑑於新法及實務對於企業與雇主的要求，多如牛毛，本文建議企業如有需要，可參考勞動部和各縣市地方政府「工作場所性騷擾防治措施申訴及懲戒規範範本」及「申訴管道範本」等，該範本並針對不同雇員人數之企業，提供可資參照的內容，以符合新法要求[27]；在勞動契約上，企業可參考勞動部契約範本，將性騷擾防治的條款適度契約內容。例如，「勞動派遣期間勞動契約範本」[28]、「部分時間工作勞工勞動契約參考範本」[29]等，值得有關企業參考。

25　同註24，頁18-20。
26　勞動部勞動及職業安全衛生研究所，「各國性騷擾相關法制研究」，111年度研究計畫，2022年10月，頁85。
27　勞動部，「工作場所性騷擾防治措施申訴及懲戒規範範本、申訴管道範本」，https://www.mol.gov.tw/1607/28162/28166/28268/28272/29104/（最後瀏覽日：2024/6/30）；臺中市政府服務e櫃檯，「工作場所性騷擾防治措施申訴及懲處辦法（參考範例）」，https://eservices.taichung.gov.tw/AdvSearch/FormDownload/148/Download//240010（最後瀏覽日：2024/7/12）。
28　「勞動派遣期間勞動契約範本」第15條第5項：「1.甲方（按：企業）應落實就業服務法就業歧視禁止規範、性別工作平等法之性別歧視禁止、性騷擾防治及性別工作平等措施規定，並應與要派單位約定，要派單位就上開事項應與甲方共同履行雇主義務。2.甲方應與要派單位約定，要派單位應設置處理性騷擾申訴之專線電話、傳真、專用信箱或電子信箱，並將相關資訊於工作場所顯著之處公開揭示。乙方（按：雇員）遭受任何人（含要派單位所屬人員）性騷擾時，要派單位應受理申訴後並與甲方共同調查，經調查屬實，甲方及要派單位應對所屬人員進行懲處或為其他必要之處分，並將結果通知甲方及乙方。」參見https://www.mol.gov.tw/media/pvhd00cs/%E5%8B%9E%E5%8B%95%E6%B4%BE%E9%81%A3%E6%9C%9F%E9%96%93%E5%8B%9E%E5%8B%95%E5%A5%91%E7%B4%84%E7%AF%84%E6%9C%AC.pdf?mediaDL=true（最後瀏覽日：2024/7/12）。
29　「部分時間工作勞工勞動契約參考範本」第15條：「甲方（企業）應落實就業服務法之就業歧視禁止、中高齡者及高齡者就業促進法之年齡歧視禁止、性別工作平等法之性別歧視禁止、性騷擾防治及促進工作平等措施規定。」參見https://www.mol.gov.tw/media/psqjjcze/%E9%83%A8%E5%88%86%E6%99%82%E9%96%93%E5%B7%A5%E4%BD%9C%E5%8B%9E%E5%B7%A5%E5%8B%9E%E5%8B%95%E5%A5%91%E7%B4%84%E5%8F%83%E8%80%83%E7%AF%84%E6%9C%AC1110314.pdf?mediaDL=true（最後瀏覽日：2024/6/30）。

第三篇

永續能源

❁ 地熱專法發展剖析（原民、國家公園及地下挖掘）
❁ 我國氫能法制之研究：以韓國專法為借鏡
❁ 我國電動車產業發展困境及展望
❁ 躉購費率在臺灣之演進與現狀
❁ 我國綠能電廠證券化之展望：美國Solar ABS之借鏡
❁ 從日本基礎設施基金看我國基金型REITs的機會與
　 挑戰

地熱專法發展剖析（原民、國家公園及地下挖掘）

張嘉予、鄭育穎、丁祖文、蕭榆霈

壹、前言

　　臺灣富有豐富的地熱資源，潛在量能達30～40GW[1]，依「臺灣2050淨零排放路徑及策略總說明」及「臺灣2050淨零轉型『前瞻能源』關鍵戰略行動計畫（核定本）」，地熱屬我國之前瞻能源[2]。截至2022年8月，我國地熱之併網商轉裝置容量計有5MW，開發中及規劃中之裝置容量約有50MW[3]，且預計於2050年，地熱併同海洋能、生質能等其他前瞻能源之發電量可達8～14GW[4]。

　　關於地熱之開發流程，可分為探勘、開發、施工、營運等程序，各該階段均須設有相關規範俾其順利運作。然而，我國在法制上並未制定專法，僅於《再生能源條例》中定有地熱專章，其餘規範則散見於各法規中，諸如：《地熱能探勘與開發許可及管理辦法》（下稱《地熱探勘與開發辦法》）、《原住民族基本法》（下稱《原基法》）及《國家公園法》均是。

　　雖透過上述法規，看似已可處理地熱開發所涉問題，然因地熱潛能多位於原住民族土地或國家公園，致使業者在取得開發許可之前階段程序，即須經過繁瑣程序而耗費時日，甚或難以進行地熱開發；且因業者難以取得土地使用權，進而降低開發意願。此等問題均將阻礙我國地熱發電之推動，不利能源轉型之發展。

1　能源教育資源總中心，「地球之熱，臺灣之綠：臺灣地熱能源發展現況」，2024年4月24日，台電綠網，https://service.taipower.com.tw/greennet/point-of-view/case-study/441（最後瀏覽日：2024/9/16）。
2　國家發展委員會，「臺灣2050淨零排放路徑及策略總說明」，2022年3月30日，頁71。
3　國家發展委員會，「臺灣2050淨零轉型『前瞻能源』關鍵戰略行動計畫（核定本）」，2023年4月，頁2。
4　同註2。

　　為此，本文旨在討論我國地熱開發所涉及之土地使用權問題，包括原住民族土地和國家公園之地熱探勘與開發，以及水平鑽探涉及之土地所有權議題，並提出相關建議以供卓參。

貳、原住民族土地

一、地熱與原住民族之關聯

　　我國地熱潛能區域主要位於北部大屯山、宜蘭、南投廬山及花東地區。試將臺灣地溫梯度圖與原住民族土地之地圖疊圖比較，即可發現廬山、清水及花東地區的地熱資源點，與原住民族土地有相當高程度的重疊。因此，於原住民族土地進行地熱探勘、開發、施工與後續建廠營運，並兼顧原住民族對土地、自然資源利用之權益，以貫徹《原基法》，是我國開發地熱資源時不可忽視之議題。

　　本文以下將依序說明，地熱業者對原住民族土地進行地熱之探勘、開發、施工與後續建廠營運時，其如何依《地熱探勘與開發辦法》、《再生能源條例》、《原基法》等規定，踐行相應法定程序。

二、原住民族土地利用程序及限制

　　地熱業者於探勘、開發地熱時，依《地熱探勘與開發辦法》第20條[5]，申請地熱探勘、開發之人，無論其施工地點，均應於施工前，辦理地方說明會，以保障鄰近利害關係人權益。地熱業者若擬在原族民族土地探勘與開發，亦應依照《再生能源發展條例》、《原基法》及相關規定，識別、踐行相應之程序。

　　原住民族土地與部落之定義於《原基法》第2條[6]已定有明文，該等土地範圍是依照《原住民族土地或部落範圍土地劃設辦法》由主管機關

---

[5] 《地熱能探勘與開發許可及管理辦法》第20條：「地熱能探勘人或開發人實施地熱能探勘或開發行為，應依下列規定辦理：一、依地熱能探勘或開發許可記載之內容及計畫書（以下簡稱許可內容）實施相關作業。二、於探勘或開發施工前，均應辦理地方說明會，並提送相關證明文件備查。三、遵循環境保護、職業安全衛生或其他相關法令。」

[6] 同註5。

劃編。而依照《再生能源發展條例》第15條之5第1項[7]，不論是政府或私人，若擬於原住民族土地或部落及其周邊一定範圍內之公有土地（下稱「原住民族土地或部落範圍之公有土地」）申請地熱探勘與開發，涉及土地開發、資源利用、生態保育及學術研究之內容，均應依照《原基法》第21條第1項[8]，**與原住民族進行諮商、徵得原住民族或部落之同意，與建立利益分享機制，以事前徵得原住民族知情同意之方式，維護原住民族永續發展及生存的基本人權。**

是以，地熱業者探勘、開發原住民族土地或部落範圍之公有土地時，除應依《地熱探勘與開發辦法》第20條辦理地方說明會以外，亦須依《原基法》第21條第1項，由原住民委員會判斷行為屬於《原基法》第21條所允許之開發行為，並經部落會議議決同意（下稱「諮商取得原住民族部落同意」）。

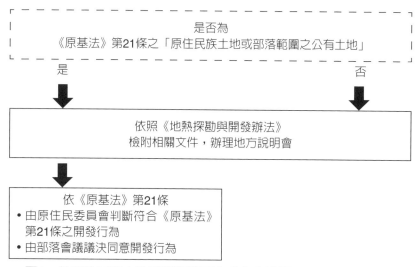

圖1　於原住民族土地或部落範圍之公有土地開發地熱之相關流程
資料來源：作者自製。

---

[7]　《再生能源發展條例》第15條之5：「申請地熱能探勘許可或開發許可之內容涉及原住民族土地或部落及其周邊一定範圍內之公有土地者，申請人應於申請前依原住民族基本法第二十一條規定辦理。」

[8]　《原基法》第21條第1項：「政府或私人於原住民族土地或部落及其周邊一定範圍內之公有土地從事土地開發、資源利用、生態保育及學術研究，應諮商並取得原住民族或部落同意或參與，原住民得分享相關利益。」

　　而諮商取得原住民族部落同意之程序，依《原基法》第21條第4項[9]所授權訂定之「諮商取得原住民族部落同意參與辦法」，地熱業者首須向開發區域所在地公所申請召集，並於召集前以公聽會、說明會等向部落成員說明相關內容、利益分享機制及利益衡量，且邀請利害關係人及專家或相關公益團體陳述意見，召集前20日並應將公聽會、說明會之意見彙整，送請所在地公所備查。又於召集部落會議前15日需通知原住民家戶及申請人，10日前將相關文件於適當場所公開供閱覽及複印。另依原住民族委員會的諮商同意案件標準作業流程，建議公聽會、說明會至少須於土地開發案件動工前回溯2個月辦理，可得知於實務運行下，此程序至少需2

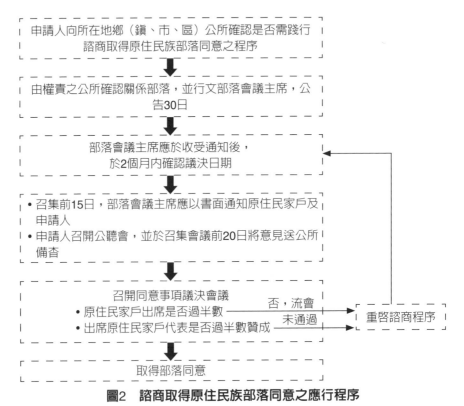

圖2　諮商取得原住民族部落同意之應行程序

資料來源：作者自製，參閱「諮商同意案件標準作業流程」。

9　《原基法》第21條第4項：「前三項有關原住民族土地或部落及其周邊一定範圍內之公有土地之劃設、諮商及取得原住民族或部落之同意或參與方式、受限制所生損失之補償辦法，由中央原住民族主管機關另定之。」

個月的時間，花費相當期間及行政成本。

　　由上可見，地熱業者對原住民族土地或部落範圍之公有土地探勘、開發時，其等是否妥善踐行《原基法》第21條諮商取得原住民族部落同意之程序，正是影響地熱探勘、開發成敗之重大關鍵。此外，除《原基法》之規定，探勘與開發尚可能因其土地位置，而涉及其他行政程序要求，如其他水土保持規定等。於後續開發階段，亦面臨相同程序要求，更增加了開發行政成本。本文認為，地熱探勘、開發成本高昂，若因未善盡行政程序而致開發失敗，將大大降低地熱業者未來探勘與開發意願，除了有必要釐清相關程序如何踐行以外，未來或可考量整合此些程序要求，降低行政成本，簡化地熱探勘程序，提高業者探勘及開發意願。

三、原住民保留地所有權／使用權與地熱設施建置之衝突

(一) 現行法對原住民族土地所有權／使用權之限制

　　依《原基法》第20條，我國承認原住民族土地及自然資源權利。而原住民族土地在使用上，尚可區分為傳統領域土地，與既有原住民保留地（下稱「原住民保留地」）[10]，前者是為保障原住民文化，故勘查原住民族之祖靈聖地、傳統祭儀等文化而標示之土地；後者則是考量原住民族生存空間與經濟發展，故劃編原住民保留地，並以《原住民保留地開發管理辦法》（下稱《保留地開發辦法》）限制原住民保留地之使用權與所有權歸屬。

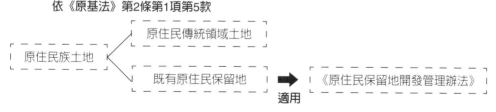

圖3　原住民族土地之分類

資料來源：作者自製。

---

[10] 經本文向《原基法》之主管機關原住民委員會詢問，《原基法》第2條第1項第5款所稱之「既有原住民土地」，即指《原基法》與《保留地開發辦法》所稱之「原住民保留地」，故本文以下均以「原住民保留地」稱之。

　　地熱業者探勘與開發原住民族土地之地熱時，除需踐行前述《地熱探勘與開發辦法》、《再生能源發展條例》與《原基法》之程序外，如該土地屬於既有原住民保留地，更須關注《保留地開發管理辦法》所定使用與所有權之限制，**例如原住民申請取得既有原住民保留地之承租權、無償使用權或設定之耕作權、地上權、農育權，並於取得該等權利後，原則上不得轉讓或出租**[11]**；此外，原住民亦得申請無償取得原住民保留地之所有權**[12]**，且取得所有權後，若再為移轉，承受人原則上亦應以原住民為限**[13]。

　　本文認為，地熱發電廠投入商轉後，需透過售電予台電收回建設成本，而實務上與台電售電契約之期限多為20年，據此，地熱業者須確保其於地熱發電廠運轉後20年內皆有權使用發電廠所在之土地。地熱業者是否且如何於符合前述既有原住民保留地使用權與所有權之限制下，探勘與開發地熱，並確保其地熱發電廠之營運，本文試想具有可能性之方法，討論如下。

(二) 第一種方式：依《保留地開發管理辦法》租用既有原住民保留地

　　依《保留地開發管理辦法》第21條第1、2項[14]之規定，主管機關對轄區內既有原住民保留地，得根據發展條件及土地利用特性，規劃訂定各項開發、利用及保育計畫，且得採用合作、共同或委託經營方式辦理。次觀第24條第1、4項[15]，為促進既有原住民保留地之工業資源開發，在不妨礙

---

[11] 《原住民保留地開發管理辦法》第15條：「原住民於原住民保留地取得承租權、無償使用權或依法已設定之耕作權、地上權、農育權，除繼承或贈與於得為繼承之原住民、原受配戶內之原住民或三親等內之原住民外，不得轉讓或出租。」

[12] 《原住民保留地開發管理辦法》第7條：「中央主管機關應輔導原住民取得原住民保留地承租權或無償取得原住民保留地所有權。」第10條第1項：「原住民申請無償取得原住民保留地所有權，土地面積最高額如下：一、依區域計畫法編定為農牧用地、養殖用地或依都市計畫法劃定為農業區、保護區，並供農作、養殖或畜牧使用之土地，每人一公頃。二、依區域計畫法編定為林業用地或依都市計畫法劃定為保護區並供作造林使用之土地，每人一點五公頃。三、依法得建築使用之土地，每戶零點一公頃。四、其他用地，其面積由中央主管機關視實際情形定之。」

[13] 《原住民保留地開發管理辦法》第18條第1項：「原住民取得原住民保留地所有權後，除政府指定之特定用途外，其移轉之承受人以原住民為限。」

[14] 《原住民保留地開發管理辦法》第21條第1、2項：「各級主管機關對轄區內原住民保留地，得根據發展條件及土地利用特性，規劃訂定各項開發、利用及保育計畫。前項開發、利用及保育計畫，得採合作、共同或委託經營方式辦理。」

[15] 《原住民保留地開發管理辦法》第24條第1項：「為促進原住民保留地礦業、土石、觀光遊憩、加油站、農產品集貨場倉儲設施之興建、工業資源之開發、原住民族文化保存、醫療保健、社會福利、郵電運輸、金融服務及其他經中央主管機關核定事業，在不妨礙原住民生計及推行原住民族行政之原則下，

原住民生計及推行原住民族行政之原則下，優先輔導原住民或原住民機構、法人或團體開發或興辦。而未具原住民身分者若欲申請承租開發或興辦，則應先經由鄉（鎮、市、區）公所公告30日，於期滿後無原住民或原住民機構、法人或團體申請時，非原住民身分者方得對原住民保留地為開發與利用之申請。

　　電力屬於工業之動力資源，而地熱可能因其地理環境之限制，有使用既有原住民保留地之必要，應屬《保留地開發管理辦法》第24條所指之「工業資源」，故可申請既有原住民保留地為開發或興辦，並無疑義[16]。然而，非原住民族之地熱業者雖可依照該辦法，申請租用原住民保留地，進行地熱探勘、開發，此規定仍對地熱業者有若干不利。

　　首先是，地熱業者僅能於公告期滿，且無原住民或相關團體申請時，始獲得租用既有原住民保留地之資格。其次，依照《保留地開發管理辦法》第24條第2項[17]，租用既有原住民保留地為開發時，每一租期不得超過9年，而期滿後雖可再依相同程序續租，然而如前所述，地熱業者至須確保其於20年內皆有權使用發電廠所在之土地，而上開規定對地熱業者設下租期之限制，其等須承擔發電廠營運期間，無法繼續占有、使用既有原住民保留地之風險，且於申請時又居於後順位，難以激發地熱業者主動對既有原住民保留地進行地熱探勘與開發，無助於我國地熱發電之發展。

(三) 第二種方式：以借名登記契約方式取得原住民保留地使用權？

1. 以借名登記契約取得土地使用權之情形

　　依我國實務穩定見解，借名登記契約，乃當事人約定一方將自己之財產以他方名義登記，仍由自己管理、使用、處分，他方允就該財產為出名

優先輔導原住民或原住民機構、法人或團體開發或興辦。」第24條第4項：「原住民機構、法人或團體以外企業或未具原住民身分者（以下簡稱非原住民）申請承租開發或興辦，應由鄉（鎮、市、區）公所先公告三十日，公告期滿無原住民或原住民機構、法人或團體申請時，始得依前二項規定辦理。」

[16] 內政部87年4月8日台（87）內地字第8704360號函：「電力為工業之動力資源，電業輸電線塔基之設置及再生能源發電（水力、地熱）等，限於實際地理環境，均可能有使用原住民保留地之必要，本案建請同意適用開發工業資源項目。準此，本案和平電力股份有限公司申請租用宜蘭縣南澳鄉東岳、武塔、澳花等二十八筆原住民保留地作輸電線塔基用地得適用原住民保留地開發管理辦法第二十四條（三、修正前第二十三條）『工業資源』項目規定辦理。」

[17] 《原住民保留地開發管理辦法》第24條第2項規定：「原住民或原住民機構、法人或團體為前項開發或興辦，申請租用原住民保留地時，應檢具開發或興辦計畫圖說，申請該管鄉（鎮、市、區）公所提經原住民保留地土地權利審查委員會擬具審查意見，層報中央主管機關核准，並俟取得目的事業主管機關核准開發或興辦文件後，租用原住民保留地；每一租期不得超過九年，期滿後得依原規定程序申請續租。」

登記之契約[18]。

　　原住民依《原住民保留地開發管理辦法》第10條第1項取得既有原住民保留地所有權後，想像上，原住民保留地所有權人得將土地設定地上權或出售予另一原住民，即借名予地熱業者（即借名人）之原住民（下稱「出名人原住民」），地熱業者方可透過借名登記契約取得原住民保留地所有權或使用權。

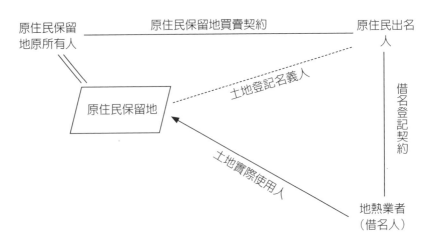

圖4　原住民保留地借名登記示意圖

資料來源：作者自製。

2. 我國實務對原住民保留地借名登記契約效力之認定

　　鑑於我國實務穩定見解放寬認定借名登記契約之效力，認為：「倘其內容不違反強制、禁止規定或公序良俗者，固應賦予無名契約之法律上效力，並類推適用民法委任之相關規定。」[19]故原則上借名登記契約為有效。

　　惟我國最高法院於2021年做出大法庭裁定，特別針對既有原住民保留地的借名登記契約之效力提出統一見解。依最高法院108年度台上大字第1636號民事裁定，非原住民欲購買原住民保留地，為規避《山坡地保

育利用條例》第37條第2項[20]、《原住民保留地開發管理辦法》第18條第1項[21]規定，與原住民出名人成立借名登記契約，及以其名義與原住民保留地原所有權人簽訂之買賣契約，因與實現非原住民取得原住民保留地所有權之效果實質上無異，違反上開禁止規定，依《民法》第71條[22]本文規定，應屬無效。

　　最高法院作出上述判斷的理由係因其認爲原住民保留地所有權限制規定的目的在於：原住民保留地爲乘載原住民族集體文化，以達成「維護發展原住民族文化，保障扶助原住民族之經濟發展」之憲法價值，上開禁止規定自爲合於保障原住民族國策公益目的所採取之必要手段。

　　據上，在大法庭統一見解後，違反相關原住民保留地相關限制的私法行爲，即原住民保留地買賣契約及借名登記契約，應屬無效，地熱業者遂無法以此方法取得土地所有權或使用權。

　　綜合上述之觀察，我國地熱開發資源點與原住民保留地有相當高程度的重合，地熱業者無法取得原住民保留地的使用權，勢必影響我國地熱發電的發展。就此，在未來制度設計上或可思考是否得以使原住民機會參與決策、相關產業經營，並以收益分配使原住民族得分享利益的方式，在放寬土地使用限制的前提下，促進多方利害關係人的合作與溝通，形成原住民、地熱業者、政府三贏的局面。

參、國家公園之地熱探勘

　　衡諸我國地熱資源多分布於國家公園，從而，地熱探勘亦涉及國家公園的土地利用問題。

20　《山坡地保育利用條例》第37條第2項：「原住民取得原住民保留地所有權，如有移轉，以原住民爲限。」

21　同註12。

22　《民法》第71條本文：「法律行爲，違反強制或禁止之規定者，無效。」

一、《國家公園法》許可之開發行為及程序

　　基於保護國家特有自然風景、野生物及史蹟，並供國民之育樂及研究之目的[23]，我國自1972年6月13日起施行《國家公園法》。依該法規定，所謂「國家公園」，係指主管機關為永續保育國家特殊景觀、生態系統，保存生物多樣性及文化多元性並供國民之育樂及研究，從而劃設之區域而言[24]，且國家公園共可劃分為一般管制區、遊憩區、史蹟保存區、特別景觀區、生態保護區等五區[25]。本文為方便說明，以下將一般管制區及遊憩區合稱為「甲區」，並將史蹟保存區、特別景觀區及生態保護區合稱「乙區」。

　　鑑於維持國家公園完整景色具有重要性，《國家公園法》須防止濫建、濫墾等情事發生，故對國家公園內之開發行為，設有一定程度限制[26]；亦即，唯有屬於法律許可之開發行為，在符合法定程序要求並經相關許可後，始得進行開發。在甲區中，《國家公園法》明文若干法律行為，在經國家公園管理處許可後得進行；並規定倘該等行為屬於範圍廣大或性質特別重要者，則須經國家公園管理處報請內政部核准，並經內政部會同各該事業主管機關審議辦理[27]。在乙區中，除「公私建築物或道路、橋梁之建設或拆除」、「水面、水道之填塞、改道或擴展」、「礦物或土石之勘探」、「土地之開墾或變更使用」、「垂釣魚類或放牧牲畜」或「纜車等機械化運輸設備之興建」等行為，在經國家公園管理處許可後得進行之外，其餘開發行為則一律遭到禁止。茲整理如表1：

---

[23] 《國家公園法》第1條：「為保護國家特有之自然風景、野生物及史蹟，並供國民之育樂及研究，特制定本法。」

[24] 《國家公園法》第8條第1項：「國家公園：指為永續保育國家特殊景觀、生態系統，保存生物多樣性及文化多元性並供國民之育樂及研究，經主管機關依本法規定劃設之區域。」

[25] 《國家公園法》第12條：「國家公園得按區域內現有土地利用型態及資源特性，劃分下列各區管理之：一、一般管制區。二、遊憩區。三、史蹟保存區。四、特別景觀區。五、生態保護區。」

[26] 《國家公園法》第14條立法理由：「一般管制區或遊憩區內，為維護國家公園景色之完整，防止濫建、濫墾等情事之發生，本條各款行為，必須予以適當之限制，藉資保護。」

[27] 《國家公園法》第14條：「一般管制區或遊憩區內，經國家公園管理處之許可，得為左列行為：一、公私建築物或道路、橋樑之建設或拆除。二、水面、水道之填塞、改道或擴展。三、礦物或土石之勘採。四、土地之開墾或變更使用。五、垂釣魚類或放牧牲畜。六、纜車等機械化運輸設備之興建。七、溫泉水源之利用。八、廣告、招牌或其類似物之設置。九、原有工廠之設備需要擴充或增加或變更使用者。十、其他須經主管機關許可事項。前項各款之許可，其屬範圍廣大或性質特別重要者，國家公園管理處應報請內政部核准，並經內政部會同各該事業主管機關審議辦理之。」

表1　國家公園開發行為之管制概覽

	甲區 （一般管制區、遊憩區）	乙區 （史蹟保存區、特別景觀區、生態保護區）
公私建築物或道路、橋梁之建設或拆除	須經國家公園管理處許可； 範圍廣大或性質特別重要者，須經國家公園管理處報請內政部核准。	
水面、水道之填塞、改道或擴展		
礦物或土石之勘採		
土地之開墾或變更使用		
垂釣魚類或放牧牲畜		
纜車等機械化運輸設備之興建		
溫泉水源之利用	須經國家公園管理處許可； 範圍廣大或性質特別重要者，須經國家公園管理處報請內政部核准。	禁止。
廣告、招牌或其類似物之設置		
原有工廠之設備需要擴充或增加或變更使用者		
其他須經主管機關許可事項		
非屬上述之其餘開發行為	禁止。	

資料來源：作者自製。

二、如何在國家公園內探勘地熱？

　　承前所述，在《國家公園法》訂有嚴格開發限制下，僅有特定開發行為方得依法定程序為之，其餘行為則一律遭到禁止。綜覽《國家公園法》，由於未見有關地熱探勘行為的規定，且地熱探勘亦非屬「經主管機關許可事項」（第14條第1項第10款），是堪認現行法律並未允許在國家公園內探勘地熱。然而，我國地熱資源多分布於國家公園，已如上述，故值得思考者為，是否有突破現行法規定，使國家公園地熱探勘合法化之方式。關此，當前實務及相關討論共有三種取徑，茲分述如下：

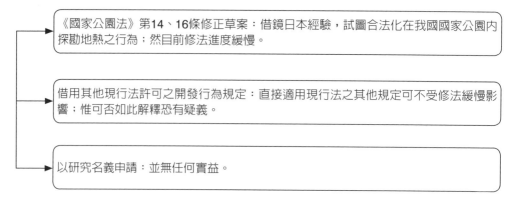

《國家公園法》第14、16條修正草案：借鏡日本經驗，試圖合法化在我國國家公園內探勘地熱之行為；然目前修法進度緩慢。

借用其他現行法許可之開發行為規定：直接適用現行法之其他規定可不受修法緩慢影響；惟可否如此解釋恐有疑義。

以研究名義申請：並無任何實益。

圖5　在國家公園探勘地熱的三種可能途徑

資料來源：作者自製。

(一)　《國家公園法》第14、16條修正草案

　　首先，前立法委員蘇治芬等16人曾於2020年4月17日，擬具一份「《國家公園法》第14、16條條文修正草案」，旨在比照日本經驗，加以放寬我國國家公園之地熱探勘及地熱電廠設置規定[28]。

　　該草案指出，考量我國許多地熱資源位於國家公園之範圍，從而在現行法未修改之情形下，吾人將無法進行地熱探勘，致使現前地熱探勘資料陳舊，更使我國無法有效利用地熱能源。準此，為獎勵地熱發電，促進我國再生能源發展，該草案提出無論在甲區抑或乙區，只要經國家公園管理處許可，均得從事地熱探勘及設置地熱電廠之規定[29]，以期達成節能減碳、保護環境之果效。

　　實則，日本環境省於2012年公布《國立、國定公園內地熱開發處理規則》後，已授權在不影響自然環境保育及自然景觀之前提下，可適度對國家公園及特別保護區內進行地熱開發[30]；此外，並對此等地熱發電，設有制定地熱發展計畫、監控對自然環境影響及公開資訊等義務[31]，其配套

---

[28]　立法院公報，第109卷第60期委員會紀錄，頁6。
[29]　《國家公園法》修正草案第14條第1項第10款：「一般管制區或遊憩區內，經國家公園管理處之許可，得為下列行為：十、從事地熱探勘及設置地熱電廠。」第16條：「第十四條之許可事項，在史蹟保存區、特別景觀區或生態保護區內，除第一項第一款、第六款及第十款經許可者外，均應予禁止。」
[30]　郭佳章，「淺談台灣地熱發電法規問題」，核研所－能源經濟及策略研究中心能源資訊平台，2016年，頁3。
[31]　盧乙嘉、宋聖榮、王祈、田口幸洋，「由日本法規鬆綁看臺灣國家公園地熱開發」，國家公園學報，第31卷第1期，2021年，頁38-39。

措施足稱完善。職是之故，本草案欲借鏡日本經驗，搭建在我國國家公園探勘地熱之可行性，可謂立意良善；然而，迄今為止，由於此草案未有後續進展，致使現行法仍無「地熱探勘」相關規定，準此，在國會正式通過本草案前，吾人尚難期待其意旨能透過法律明文化的方式施行。

(二) 借用現行法其他許可規定

考量修法進度緩慢，是除該路徑外，可否借用現行法中其餘類似的開發行為規定，作為地熱探勘之法律依據，亦值吾人討論。換言之，鑑於地熱探勘行為與勘採礦物土石（第14條第1項第3款）、開墾或變更使用土地（第14條第1項第4款）及利用溫泉水源（第14條第1項第7款）間，具有程度上之重合與類似，故倘以此等開發行為作為申請名義，並在獲得許可後進行地熱挖掘探勘，或為現行法下解套方式之一。

此等做法固可使地熱挖掘順利進行，且免除因修法進度緩慢而耽誤地熱開發之疑慮。但是，探勘地熱之行為究竟可否視為勘採礦物等行為，進而依法向國家公園申請開發，本不無疑義[32]；況基於《國家公園法》立法目的，係在保護特有自然資源，已如上述，遂而自不應對條文臚列的「法定開發行為」為擴張解釋，否則立法原意恐無法達成，使相關規定流於具文。洵此，上述借用其他開發行為之做法，實悖於嚴格解釋本法規定之意旨，故在法律解釋適用層面應有爭執空間。因此，關於借用其他規定之做法是否果真可行，實乃價值判斷問題，可留待日後討論。

附帶一提，倘吾人允許「地熱探勘行為」得借用其他法定開發行為之程序進行，則其須遵行之程序略為：

1. 針對「勘採礦物或土石」及「開墾或變更使用土地」等開發行為，無論是在甲區或乙區，均須先經國家公園管理處許可，方可為之；且倘該開發行為屬於範圍廣大或性質特別重要者，國家公園管理處尚須報請內政部核准，並經內政部會同各該事業主管機關審議辦理。

2. 針對「溫泉水利用」行為，則僅能在甲區土地為之，且須先經國家公園管理處許可後方得進行；乙區土地則一律禁止利用溫泉水。

---

[32] 林瑞珠、管中徽、沈政雄、朱丹丹，「我國發展地熱發電之探勘階段法規調適研究」，臺灣能源期刊，第6卷第3期，2019年，頁217。

(三) 以研究名義申請

　　實務上，曾有相關單位藉「地熱研究」名義向我國國家公園申請研究，以期在獲得核准後，於日後進行地熱開發；惟此等做法並無實益可言。蓋以：國家公園之地熱挖掘，仍需有法律上之依據方得為之；在無探勘之法律依據而申請研究許可下，僅係取得進入國家公園進行研究之資格而已，尚無法據此而為地熱開發，且在國家公園管理單位會定期至研究現場檢查有無踰於研究範圍之情形下，欲藉此渠道進而探勘地熱，實乃緣木求魚。

肆、行經他人土地下方之地熱探勘

一、地熱探勘路徑

　　除前開原住民族土地與國家公園之探勘限制外，實務上，探勘過程亦可能受地熱存在位置影響。

　　申言之，由於地熱儲存狀態不一定水平於地面，而可能呈現傾斜，亦即，同一地區地熱在地表下之分布可能存有深淺之分，故在探勘地熱時，挖掘深度並無法代表鑽探成功與否。如在距離地表較近之地熱層上方探勘，則較易鑽取地熱；反之，如在距離地表較遠之地熱層上方鑽勘，則縱使花費多時，恐仍無法順利挖掘地熱。從而，為避免浪費勞時，理想之探勘方式或為：在垂直探勘至一定深度後，如仍無法鑽取地熱，此時即可透過水平挖掘的方式續行探勘，避免徒勞無功。茲如圖6所示：

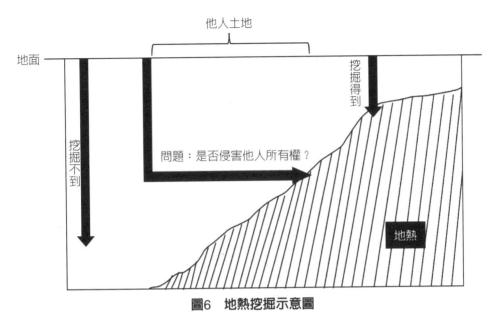

圖6　地熱挖掘示意圖

資料來源：作者自製。

二、地熱探勘與土地所有權之衝突

　　如示意圖可見，倘採取此種「先垂直，後水平」之探勘路徑，則即有可能在挖掘過程經過他人土地下方，此將涉及《民法》所有權範圍之法律問題。依《民法》第773條前段規定：「土地所有權，除法令有限制外，於其行使有利益之範圍內，及於土地之上下。」因此，《民法》對於「所有權」之範圍界定，係採取「立體使用觀點」[33]，土地所有權人不僅擁有地面的所有權，亦具有地面下方土地的所有權。在此意義下，當鑽探途經他人土地下方時，無疑已侵入他人土地所有權範圍。

　　對此，依《民法》第767條第1項中、後段規定：「所有人對於妨害其所有權者，得請求除去之。有妨害其所有權之虞者，得請求防止之。」從而，依照上述說明，既然行經他人土地下方之地熱探勘屬於侵入他人所有權範圍之行為，則解釋上，土地所有權人似得依《民法》第767條第1

---

[33] 財政部臺財稅字第0910451425號函參照。

項中段規定，向地熱開發者請求除去途經自身土地下方之探勘行為，或依同項後段規定向地熱開發者請求防止相關探勘行為。然而，若土地所有權人能輕易行使上述權利，禁止行經自身土地下方的地熱開發，不僅將推升地熱探勘難度，大幅堆高鑽探成本，更對我國能源轉型誠屬不利。

　　洵此，關鍵問題應在於，如何建構《民法》第767條之豁免基礎，在合理情形下，賦予地熱開發者得行經他人土地下方鑽探，俾使開發能順利進行，核屬首當其衝的課題。

三、構《民法》第767條之豁免基礎

　　關此，可透過「解釋現行法」及「制定新法」等兩種方式解決上述問題，茲分述如下：

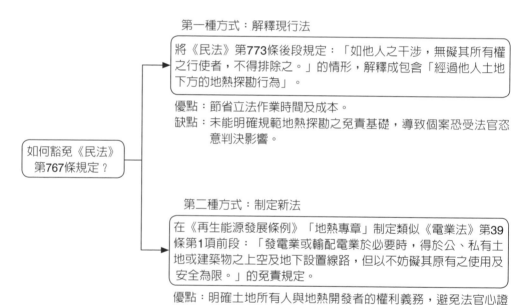

第一種方式：解釋現行法

將《民法》第773條後段規定：「如他人之干涉，無礙其所有權之行使者，不得排除之。」的情形，解釋成包含「經過他人土地下方的地熱探勘行為」。

優點：節省立法作業時間及成本。
缺點：未能明確規範地熱探勘之免責基礎，導致個案恐受法官恣意判決影響。

如何豁免《民法》第767條規定？

第二種方式：制定新法

在《再生能源發展條例》「地熱專章」制定類似《電業法》第39條第1項前段：「發電業或輸配電業於必要時，得於公、私有土地或建築物之上空及地下設置線路，但以不妨礙其原有之使用及安全為限。」的免責規定。

優點：明確土地所有人與地熱開發者的權利義務，避免法官心證歧異。
缺點：需花費立法成本。

圖7　豁免《民法》第767條規定之方式

資料來源：作者自製。

(一) 第一種方式：解釋現行法

依《民法》第773條後段規定：「如他人之干涉，無礙其所有權之行使者，不得排除之。」其立法理由為：「查民律草案第991條理由謂所有權者，依其物之性質及法律規定之限制內，於事實上、法律上管領其物之權利也，故土地所有人在法令之限制內，於地面地上地下皆得管領之。然因此遽使土地所有人，於他人在其地上地下為不妨害其行使所有權之行為，均有排除之權，保護所有人，未免偏重，在所有人既無實益，而於一切公益，不無妨礙。此本條之所由設也。」準此，雖然土地所有權之範圍及於土地上下，但所有權人並非可以毫無限制地主張所有權而排除他人進入土地；實則，倘基於公益考量而利用他人土地上方或下方，且該利用並不妨礙土地所有權人就土地本身使用、收益、處分等所有權之行使者，此時應例外限制所有權人不得排除他人之利用行為。對此，法院曾經認可之情形諸如：電線通過他人土地上方，或者水源或纜線經過土地下方等[34]。

職此，雖司法實務尚未肯認地熱探勘屬於《民法》第773條後段情形，然查，由於地熱多存在於地面至少數百公尺以下，已與土地所有人通常使用範圍無涉，是以，應難認地熱挖掘行為有何妨礙所有權人使用土地之有；且縱以侵害土地所有權為由，禁止在他人土地下進行地熱挖掘，土地所有人因此得利用之土地範圍亦相當有限，所獲利益甚微。故而，如將「無礙其所有權之行使」之情形，解釋包含「行經他人土地下方的地熱探勘行為」，應尚屬合理。如此，便能在不修法前提下，透過解釋適用現行法之模式，豁免在他人土地下行地熱探勘之民事責任，並確保挖掘行為不會受到無端阻撓。要言之，此等做法固能節省立法作業成本，然同時亦受有「解釋適用」不如制定條文般明確之劣勢，故法官於個案中是否將恣意做出歧異裁判，仍不無疑義。

(二) 第二種方式：制定新法

除透過解釋《民法》第773條後段之外，制定免責條款亦為建構豁免基礎方式之一，且此種做法亦有先例可循。舉例而言，《電業法》第

---

[34]　臺灣高等法院112年度上字第278號判決參照。

39條第1項前段即明定：「發電業或輸配電業於必要時，得於公、私有土地或建築物之上空及地下設置線路，但以不妨礙其原有之使用及安全為限。」規範於他人土地下方架設線路之法律依據，並豁免線路設置人之民事責任。

　　基此，我國既於2023年5月29日修訂《再生能源發展條例》並設有「地熱專章」，明定開發行政程序，則應可考慮在專章內比照上述《電業法》方式，制定經過他人土地下方挖掘地熱之法律授權依據，以杜後續爭議。實則，相較前述解釋《民法》第773條後段之做法，直接制定免責條款之優勢，在於可明確化土地所有人與地熱探勘者間的權利義務關係，避免因不同法院之心證迥異，致使是否侵害土地所有權一事，尚存有爭執空間。

伍、結論

　　衡以我國地熱資源豐沛，實有利於發展能源轉型，惟實則，肇因各種土地使用問題，致使地熱發電進度受到層層阻礙。為此，本文謹提出下列建議，期以改善現況。

　　針對土地使用權部分，考量目前地熱發電相關程序散落各法規中，本文以為，有權單位應統整各項地熱開發所涉法規，對行政程序及相關要求進行整合，並明訂法規適用位階，避免適用疑義。再者，基於《國家公園法》對於開發行為訂有嚴格要求，且該法並未允許從事地熱開發行為，從而在現行法下，尚無法國家公園內開發地熱。觀其解套方式，雖當前有若干討論，惟為免疑義，本文以為，仍以修法方式較為可採，藉由《國家公園法》中明文化地熱探勘行為，明確其法律授權依據。

　　至於行經他人地下方而生之土地所有權範圍爭議，考量地熱多存在地下深層，在該區域範圍挖掘地熱對土地所有權侵害甚微，故在利益權衡上，與其保護土地所有權人，更應優先保障地熱開發者。為此，應可考慮透解釋《民法》第773條後段，或在《再生能源發展條例》「地熱專章」內制定免責條款，建立行經他人土地下方開發地熱之免責基礎；本文更建議以後者尤佳，蓋其可避免實務上因法官心證迥異造成標準浮動，徒增業

者承擔風險。

　　綜上，為有效開發我國地熱資源，如何解決土地使用問題，應屬當前重點。期待在統整各該規範，俾補法律缺漏後，我國能以更完善的法律架構迎接再生能源時代之到來。

我國氫能法制之研究：
以韓國專法為借鏡

張嘉予、連忻

壹、前言

　　隨著地球暖化的嚴峻，各國逐漸釋出能源轉型的強烈訊號，國際能源總署（IEA）就曾指出，氫能是最有機會實現「巴黎協定」之替代能源；此外2021年底落幕的第26屆聯合國氣候變遷大會（COP26），多數與會國也達成脫離化石燃料、擴大使用再生能源之共識。時至今日，國際上已有31個國家針對氫能制定氫能戰略藍圖，其重要性不言而喻。

　　本文將先簡介氫能的概念，再回顧我國氫能產業面及政策面之發展，並透過盤點現有法制與氫能有關之規定，導出未有氫能專法下，法律不確定性如何對氫能產業帶來阻礙，接著以韓國專法為借鏡，展望我國將來制定氫能專法時有何值得參探之處。

貳、氫能概述

　　氫能，顧名思義即是將氫作為是一種能量的載體，目前主要透過直接燃燒、與天然氣混燒、燃料電池或化工反應之方式，從中提取出熱能、電能等能量[1]。

　　氫能主要的優勢有三：一、減碳方面，由於氫燃燒後僅產生水，而不會釋放二氧化碳，因此更能達到減碳效果；二、在發電方面，能源效率高於石油[2]；三、在儲能方面，相較於鋰電池，氫能在長期儲能（1週以上）

---

[1]　中研院，「臺灣淨零科技研發政策建議書」，2022年11月，頁63，https://sec.sinica.edu.tw/archives/e4240dc6ac12d3d4（最後瀏覽日：2024/8/4）。

[2]　吳恆毓，「2050全球淨零轉型『氫』熱潮」，台灣經濟研究月刊，第45卷第1期，2022年1月，頁121。

具有優勢[3]。

　　不過，氫能目前之所以尚未成為能源主流，係因為氫能仍面對成本過高的困境，詳言之，包含：一、儲氫成本：由於氫元素係活性極高的元素，因此若以未經特別處理之金屬材料貯存氫氣，可能導致「氫脆」現象，因此須以特殊處理過的容器貯存[4]；二、輸配成本：同樣因為氫活性高的緣故，輸送氫的過程中為使其穩定，需透過化學反應將其轉換為含氫燃料，例如合成甲烷、氨及液態燃料等，再透過既有管路為基礎設施運輸及配送；三、製氫成本：氫氣的成本會隨著製程的不同而有差異。

　　若論製氫的成本，則必須瞭解氫的「顏色」，國際上目前將氫氣按其製程之不同，分為以下種類，但大體而言，製程排碳量愈低，則成本愈高：

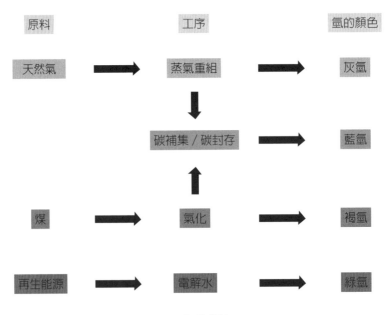

圖1　氫的顏色

資料來源：作者自製。

3　同註1，頁64。
4　同註1，頁63。

一、灰氫：指由碳氫燃料重組所得之氫氣，例如用高壓水蒸氣與天然氣進行重組。灰氫為目前最主流的氫氣種類，但其排碳量也最高（$12kg \cdot CO_2/kg \cdot H_2$）。

二、褐氫：是指透過煤氣化、熱裂解、水解等方法所得之氫氣，這種製程產生的碳排次高（約為$5kg \cdot CO_2/kg \cdot H_2$）。

三、藍氫：則是指在灰氫和褐氫的製程中，再加上碳補集和碳封存的工序，避免二氧化碳逸散置大氣中，達到大幅降低實際碳排的效果。

四、綠氫：是指以再生能源或核能進行電解水製成的氫氣，排碳量為四者中最低（例如以風電電解水產氫的碳排僅$0.37kg \cdot CO_2/kg \cdot H_2$）。

參、國內目前氫能發展

一、產業現況

　　我國目前氫氣96%以上來自於天然氣重組（灰氫），但我國又並非天然氣生產國，高度仰賴從境外進口天然氣，但進口天然氣多是為了直接燃氣發電，而非用於製氫，導致前端氫氣來源受限，進而影響後端儲氫、輸氫的基礎設施建置[5]。

　　雖然我國面臨前述的先天條件限制，但產業界在氫能領域仍臥虎藏龍。首先，我國有諸多業者在國際氫能供應鏈中扮演重要角色，例如氫燃料電池零件製造商（台灣保來得、康舒科技等）、燃料電池製造商（恆智電機等）及備援電力系統生產商（中興電工等）[6]；再從智財布局而言，截至2022年底，我國氫能相關的發明專利累計共1,803件，其中有503件屬於氫能前十大熱門技術，而如果以產業鏈進行分類，製氫相關專利有290件，輸儲相關專利有63件，氫能燃料電池相關專利則有656件[7]。

5　經濟部，「臺灣2050淨零轉型『氫能』關鍵戰略行動計畫（核定本）」，2023年4月，頁2。

6　同註2，頁126。

7　杜沄蓉，「推動技術合作，加速淨零轉型：以台德氫能專利為例」，台灣經濟研究月刊，第46卷第7期，2023年7月，頁56。

二、政府及公營事業之政策與舉措

自2021年4月22日蔡總統宣示2050淨零轉型亦為我國目標開始，我國政府陸續推動諸多能源轉型的政策。其中與氫能有關的指標性政策應屬2022年3月國發會推出的「臺灣2050淨零排放路徑」，該路徑明確指出希望到2050年氫能發電占比為9～12%，並提到長期目標要「配合氫能需要，訂定氫能管理專法」。而在「臺灣2050淨零排放路徑」之後，工研院於同年6月推出「臺灣2050氫應用發展藍圖初步建議」，並在臺南沙崙示範場域建立首座氫能生產、輸儲及應用示範驗證場域；經濟部則在2023年4月制定「臺灣2050淨零轉型『氫能』關鍵戰略行動計畫（核定本）」。

公營事業部分，中油與德國林德集團合作，預定於2024年內啟用第一間示範加氫站[8]，而2024年3月下旬經濟部能源署亦預告修正「加油站設置管理規則」，使未來加油站得兼營加氫站[9]；台電於2022年4月與西門子能源公司簽署「混氫技術合作備忘錄」試驗天然氣混氫燃燒以減少排碳[10]，另也於2023年2月與中研院簽署備忘錄測試去碳燃氫技術[11]。

肆、我國氫能相關法規盤點

至於法規面，我國既有涉及氫能的相關法規範，大致如下：

一、《能源管理法》及《加氫站銷售氫燃料經營許可管理辦法》

2023年7月，經濟部能源署發出公告[12]，將氫能指定為《能源管理法》第2條第6款之「其他經中央主管機關指定為能源者」，自此氫氣被

8　林菁樺，「〈財經週報－氫能〉中油負責氫能供應　官方加氫站今年亮相」，自由時報，2024年1月8日，https://ec.ltn.com.tw/article/paper/1624839（最後瀏覽日：2024/8/4）。

9　中央社，「設置新規最快5月上路，未來中油加油站可兼營加氫站」，科技新報，2024年4月22日，https://technews.tw/2024/04/22/cpc-hydrogen-refueling-station/（最後瀏覽日：2024/8/4）。

10　同註7，頁55。

11　中央研究院，「中研院、台電共同發布去碳燃氫技術串接台電混氫發電」，2023年11月14日，https://www.sinica.edu.tw/News_Content/55/1888（最後瀏覽日：2024/8/4）。

12　經濟部經能字第11258024670號公告。

視爲《能源管理法》下之能源。

　　《能源管理法》主要規範三大主體，即「能源供應事業」、「製造或進口使用能源設備或器具的廠商」及「能源用戶」。其中能源供應事業依據《能源管理法》第4條，係指「經營能源輸入、輸出、生產、運送、儲存、銷售等業務之事業」。又依照《能源管理法》第6條第3項，能源產品的輸入、輸出、生產及銷售業務爲特許事業，非經許可不得經營。

　　而在國內業者大力疾呼下[13]，能源署在2023年11月頒布「加氫站銷售氫燃料經營許可管理辦法」（下稱「加氫站管理辦法」），其內容高度參考《石油管理法》第17條及「加油站設置管理規則」，要求銷售供氫能車輛最終使用之氫燃料者應設置加氫站，並規範了以下面向：

(一) 市場准入：加氫站經營業者申請程序（第10條至第12條），要先申請設置加氫站許可，待完工後，經地方主管機關審查合格後，報請中央主管機關核發經營許可及執照。

(二) 加氫站本身硬體設施的要求、加氫站與其他設施之安全距離要求（第5條及第6條）。

(三) 與其他安全法規接軌：加氫站設施、漏氣警報設備及其營運配置應符職安法令、勞檢法令、消防法令之規定（第9條）。

(四) 強制投保：經許可經營加氫站業務者強制要求投保公共意外責任保險（第14條）。

(五) 監理要求：業者自行檢查（第15條）、提交主管機關備查義務（第16條）及主管機關查核權（第21條）。

二、《再生能源發展條例》及其子法

　　《再生能源發展條例》亦爲少數明文提及氫能的法規範。依《再生能源發展條例》第3條第1項第8款，氫能係指「以再生能源爲能量來源，分解水產生之氫氣，或利用細菌、藻類等生物之分解或發酵作用所產生之氫

---

[13] 蘇思云、曾智怡、廖禹揚、林育立，「氫能新賽局1：減碳重組能源版圖，氫能經濟列車啓動台灣追得上嗎？」，關鍵評論網，2023年6月26日，https://www.thenewslens.com/article/187625（最後瀏覽日：2024/8/4）。

氣，或其他以再生能源爲能量來源所產生之氫氣，供做爲能源用途者」，又《再生能源發展條例》子法「再生能源發電設備設置管理辦法」第3條第13款定義，「燃料電池發電設備」係指「以再生能源爲能量來源，進行氫氣與氧氣電化學反應並轉換爲電能之發電設備」，而燃料電池發電設備得依再生能源發電設備設置管理辦法相關規範認定爲再生能源發電設備。若被認定爲屬於《再生能源發展條例》下之「再生能源發電設備」，則能享受一系列促進產業發展之措施，略包含以下：

(一) 再生能源發展基金（第7條）。

(二) 躉購制度（第9條）。

(三) 示範獎勵制度（第11條）。

(四) 政府機關（構）建置再生能源發電設備義務（第12條）。

(五) 熱利用獎勵辦法（第13條）。

(六) 再生能源相關設備之土地使用或取得，準用都市計畫法或區域計畫法有關公用事業或公共設施之規定（第15條）。

(七) 設置再生能源發電相關設施，未達一定規模者，豁免申請建築法雜項執照（第17條）。

三、公共危險物品及可燃性高壓氣體製造儲存處理場所設置標準暨安全管理辦法

公共危險物品及可燃性高壓氣體製造儲存處理場所設置標準暨安全管理辦法（下稱「公共危險物品管理辦法」）係由消防法授權制定，主要規範兩種物質，一爲公共危險物品，二爲可燃性高壓氣體。公共危險物品中與氫能有關者，參照「公共危險物品管理辦法」附表一，爲第三類發火性固體之金屬氫化物，金屬氫化物係產業上常作爲儲氫用途的化合物；而可燃性高壓氣體則相對直觀，高壓氫氣即屬之。

對於公共危險物品及可燃性高壓氣體，「公共危險物品管理辦法」要求製造、儲存及處理此些物質的場所在建置時應先取得許可，要求此些場所本身的硬體設計要求及與其他建物的安全距離，並明文諸多安全管理規定。

伍、未有專法之困境

我國未有氫能專法的困境在於：既有法規零零總總看似已考量氫能發展，實則未切中核心。

就《能源管理法》而言，其或許是目前對氫能進行規範位階最高之法規範，但《能源管理法》本身的定位導致一大困境：《能源管理法》並非專門規範氫能，因此並無法在狹義法律位階即針對氫能特性做出調適，例如針對不同產氫製程提供相對應之氫能認證機制。

再就「加氫站管理辦法」而言，該辦法已明文較完整的氫能業者監理規範（市場准入、諸多法定遵循義務、強制投保、員工教育訓練、主管機關檢查等等），但就主體射程範圍而言，侷限於產業鏈較後端的「加氫站銷售業者」，使得該許可管理辦法對於氫能產業的發展，力有未逮。

另就《再生能源發展條例》來說，其雖有定義氫能之內涵，但該條例的規範主軸仍為再生能源，氫能僅係再生能源所生之產物；此外，無論經濟部氫能關鍵戰略行動計畫、工研院臺灣2050氫應用發展藍圖初步建議抑或是國發會臺灣2050淨零排放路徑及策略，皆肯認我國氫能目前高度仰賴進口灰氫，因此務實做法為中程（2040年）發展自產藍氫，遠程發展（2050年）自產綠氫，但由於《再生能源發展條例》定義之氫能僅限於「綠氫」，因此參照前述的淨零轉型路徑，《再生能源發展條例》所提供豐富的獎勵措施，在近程、中程皆無從適用，產生獎勵措施「全有全無」的窘境，限縮了對我國氫能發展的助力。

本文謹以圖2舉例現有法制兩個未解的議題：

其一的未解議題是，雖我國目前容許設置加氫站，但開了加氫站總要有氫能車來加氫才能維繫營運，而依照《能源管理法》第15條第2項及第3項，不符合容許耗用能源規定或未為相關標示之車輛，不得進口或於國內銷售，又依照《能源管理法》之子法「車輛容許耗用能源標準及檢查管理辦法」，氫能車落入「電動、燃料電池車輛」之文義範圍內，因此理論上氫能車可以進行能效測試；但就現象觀察，主管機關一方面並未對此表態，另一方面從車輛耗能研究網站上的公開資料查詢，目前也尚未有氫能

Q2：供應鏈更前端的業者？

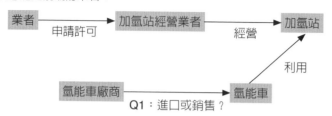

- 《能源管理法》第15條第2項、第3項
  ✓不符合容許耗用能源規定或未為相關標示之車輛，不得進口或在國內銷售。
- 同條第4項授權制定之子法《車輛容許耗用能源標準及檢查管理辦法》
  ✓氫能車應能解釋進「電動、燃料電池車輛」之文義範圍。
  ✓但主管機關一方面尚未表態；另一方面目前也還未有氫能車完成能效測試。
→目前使用加氫站的需求未跟上，有待交通部「氫燃料電池大客車試辦運行計畫」之實行成果。

圖2　我國氫能發展困境之示例

資料來源：作者自製。

車完成能效測試，因此實際上還沒有氫能車得於我國境內合法販售[14]，這也導致即便容許設立加氫站，但加氫的消費需求端仍處真空狀態，實際上不會有業者投入加氫站的設置。不過交通部已於2024年1月提出「交通部氫燃料電池大客車試辦運行計畫[15]」，預計先以氫能公車試驗取代燃油公車的可行性，本文認為該運行計畫勢必會試驗加氫站的使用情境，因此若運行計畫試辦順利，氫能的供需端將變得更加明確，有機會解決本議題。

其二的未解議題是，若從《能源管理法》能源供應事業之定義以及《石油管理法》規範架構觀察，會發現能源產業鏈至少能依序分為「產

---

[14] 例如和泰汽車目前皆以專案引進的方式，才能將氫能車進口至國內。參見Victor Liu，「終於來了！和泰汽車專案引進氫燃料電池車TOYOTA MIRAI」，Yahoo!新聞，2023年3月21日，https://tw.news.yahoo.com/終於來了-和泰汽車專案引進氫燃料電池車-toyota-mirai-170700815.html#:~:text=為響應政府2050淨零排放策略,和泰汽車與國內工業氣體領導廠商（最後瀏覽日：2024/8/4）。

[15] 交通部，「交通部氫燃料電池大客車試辦運行計畫」，2024年1月，https://www.bing.com/ck/a?!&&p=a8e7a05fdaaed487JmltdHM9MTcyMjcyOTYwMCZpZ3VpZD0yYmY2OTliNS0zYzU1LTZkNDAtMjllMC04ZGU1M2RjMTZjZmYmaW5zaWQ9NTI1NQ&ptn=3&ver=2&hsh=3&fclid=2bf699b5-3c55-6d40-29e0-8de53dc16cff&psq=%e6%b0%ab%e8%83%bd%e5%a4%a7%e5%ae%a2%e8%bb%8a&u=a1aHR0cHM6Ly93d3cudnNjYy5vcmcudHcvRmlsZS9Eb3dubG9hZC8yNmNkMWZiMS0xNDhlLTRhNzAtOTgzNy00QDM3MTI2NGY_RmlsZU5hbWU9ZU5sbHk5JUU2JUIwJUFCJUU4JTgzJUJEJUU1JUE0JUE3JUU1JUFFJUEyJUU4JUJCJThBY0JUU2JUIxJUJDJUU4JUIyJUE4JUU5JTk1JTlCCJUU2JUIxJUIyJUIxJUU1JTlCJUFGJUVFJUU4JTgzJUJEJUU0JUJFJUE1JUU1JUFGJUJFJUU4JUFEJUU5JUU1JUE4JUJDCJUU0JUJEJUExJThEJUU4JUU4JUU3JTgzJUJEJUU0JUJFJUE1JUU1JUFGJUJFJUU4JUFEJUU5JUU1JUE4JUJDCgxJThCJUU0JUJEJUExJThDThhDJUU0JUJEJUE1JUE4ThhDJUU0JUE4JMTJg4JUU0JUJEJUE5JThkJUU4JUU4JTg1JTg4ThhCJUU0JUJEJUE5ThhBJUU0JUU8JJUU3JTgzJUJEJUU0JUE8ThhCJUU0JUU9JJUU3JTg1Tg4Thg4LnBkZiZiaWWQ9NDI4Nw&ntb=1（最後瀏覽日：2024/8/4）。

製」、「輸出入」、「批發銷售」及「零售銷售」等業者，我國目前僅就氫能供應鏈的最末端加氫站業者（零售銷售業者）進行規範，其餘規範則付之闕如，這對於氫能產業的發展仍存在極大的法律上不確定性。

陸、《南韓氫能專法》介紹

一、立法背景

　　據統計，南韓人均能源消耗量為亞洲最高，這也使得南韓政府有明確減碳需求，進而積極推動再生能源發展以提升低碳能源的發電比例。而南韓對於氫能的重視並非一朝一夕，自2004年開始至2011年止，南韓政府以每年平均1億美元的力度推動氫能燃料電池技術之研發以及推廣運用[16]；2019年文在寅總統發布「氫能產業發展路徑圖」，擘劃南韓至2024年的氫能願景，政府將透過提供補貼、放寬管制等方式，鼓勵民間企業投資氫能研發並建置相關設備[17]。2021年施行的《氫經濟促進及氫安全管理法》（下稱《南韓氫能專法》），就是在這樣的背景之下誕生，是全世界第一部推廣氫經濟及安全管理的專法。

二、專法主要內容

　　《南韓氫能專法》共分為八章：第一章總則中，除了立法目的外，亦包含對氫能相關的名詞定義，明文公私部門的義務，並考量專法與既有法律間的適用關係；從第二章到第五章主要是針對氫經濟的推廣，透過提供基本建設及培養經濟產業體系，促進氫經濟發展，包括培養氫氣專門企業、提供氫燃料設備、及促進潔淨氫氣發展等；至於安全管理，則單獨列於第6章，包括製造設備的規格及檢查，企業內部的規範等安全管理措施。《南韓氫能專法》有以下特色：

---

[16] 魏逸樺、李志偉，「南韓氫能經濟發展路徑圖研析」，第184期，2019年7月，頁118。

[17] 同註16，頁119。

(一) 重要概念及參與者之定義

《南韓氫能專法》第2條爲名詞定義，表1截錄部分概念及其定義：

表1 《南韓氫能專法》重要定義

名詞	定義
氫經濟	氫的生產及利用導致國家、社會及人民生活全盤地發生根本變化，從而帶動新的經濟成長，而使用氫作爲主要能源之經濟及產業結構。
氫產業	與氫有關之產業，例如氫之生產、儲存、運輸、裝料、銷售，以及燃料電池及其所使用之產品、零件、材料及設備之製造。
氫專業企業	從事與氫產業相關之業務，且屬於下列之一的企業： • 與氫相關之業務銷售額占總銷售額比例達總統令之標準之企業。 • 與氫相關之業務研發投資占總銷售額比例達總統令之標準之企業。
氫專業投資企業	依本法第15條，設立目的爲資產管理並分配利潤予股東之公司。
氫產品	依產業通商資源部規定之燃料電池及氫相關產品。
氫燃料供應設施	依產業通商資源部規定之設施，係向運輸、建物、發電等所使用之燃料電池供應氫之設施。
氫燃料使用設施	依產業通商資源部規定之設施，係作爲安裝燃料電池作爲電力或熱量之設施。

資料來源：翻譯參考自陳冠瑋，「如何以專法推動氫能──以韓國氫經濟促進及氫安全管理法爲例」，科技法律透析，第34卷第1期，2022年1月，頁9。

(二) 專責主管機關

《南韓氫能專法》第6條設立了「氫經濟委員會」作爲氫能政策制定與執行之專責機關，此委員會設於總理之下，成員人數不超過20人，並應包含總理（爲委員會主席）、產業通商資源部部長、相關中央政府機關負責人及產學界人士。

(三) 產業促進規範

《南韓氫能專法》第7條課予政府對氫經濟有提供穩定、持續、必要的財政義務，並於第9條至第18條設計一系列氫專業企業之獎勵措施，例如補貼、稅務減免等等。此外，依據第21條產業通商部長有權要求中央、地方政府及公營事業設置燃料電池。

(四) 監理面向

《南韓氫能專法》第36條規定氫產品製造應經地方政府許可，而氫產品製造商的開業、歇業也應申報。第41條亦要求氫產品製造商應制定安全管理規則，並依第46條接受地方政府的安全教育。

此外，欲設置氫燃料供應設施及氫燃料使用設施，依第47條亦應符合相關硬體要求及與其他建物之安全距離，並受定期檢驗。

(五) 潔淨氫能認證機制[18]

此部分係2022年《南韓氫能專法》修法新增，依第25條之2規定，根據生產／進口過程中排放的二氧化碳量，將潔淨氫能區分為1.不產生任何溫室氣體之「零碳氫」、2.產生低於總統令閾值的「低碳氫」及3.「低碳氫化合物」，係指為氫氣運輸而製造的氫化合物，其在生產／進口過程中的排放量低於總統令閾值。

《南韓氫能專法》會依據上述潔淨氫氣排碳量的不同，而給予差異化的獎勵及補助。

三、產業發展後續追蹤

為持續釋出對氫能發展的友善訊號，南韓政府於2023年3月30日通過租稅特例限制法修正案，提供氫能相關技術設施及電動車製造設施等產業最高達投資金額35%稅務減免優惠[19]。又截至2023年4月，韓國已有超過200座加氫站，3萬輛氫燃料電池車（FCEV）掛牌上路，20餘座城市享有氫能公車的大眾交通運輸選擇[20]。2024年1月底，慶尚南道昌原市的昌原液化氫工廠正式完工，為南韓境內第一座可生產、供給液化氫的設施[21]，也揭示南韓逐漸朝向自產氫能的方向邁進；甚至於2024年6月1日，

[18] Chang Sup KWON, "Introduction of Clean Hydrogen - Amendment to the Hydrogen Act for the Promotion of Hydrogen-fueled Power Generation," KIM & CHANG, June 7, 2022, https://www.kimchang.com/en/insights/detail.kc?sch_section=4&idx=25218 (last visited: 2024/8/4).

[19] 廖禹揚，「下一個半導體賽局？韓國如何光速打造氫能經濟王國」，中央通訊社，2023年6月25日，https://www.cna.com.tw/news/afe/202306250031.aspx（最後瀏覽日：2024/8/4）。

[20] 康陳剛，「看不見車尾燈！韓國萬輛氫能車上路，台灣卻掛零　輸贏在兩關鍵」，天下雜誌，2023年4月24日，https://www.cw.com.tw/article/5125510（最後瀏覽日：2024/8/4）。

[21] 廖禹揚，「韓國首座液化氫廠竣工　盼推動氫能產業快速成長」，經濟日報，2024年1月31日，https://money.udn.com/money/story/5599/7746636（最後瀏覽日：2024/8/4）。

南韓蔚山市啓用了第一座氫能公寓，其能源成本比傳統天然氣系統低20%至40%[22]。這些氫能的發展都奠基於政府明確的支持訊號，完整的法制基礎，以及具吸引力的補貼及獎勵措施。

柒、代結論：我國氫能法制之展望

我國與韓國同爲先天缺乏能源原料之國家，韓國對於達到氫能自主的發展路徑及其法制，誠值我國參考。雖我國法制面仍有許多努力的空間，所幸國發會「臺灣2050淨零排放路徑」中已明示氫能專法包含在我國政府的未來施政計畫中，而就我國將來氫能專法的想像，參考《南韓氫能專法》，本文謹提出以下建議：

就監理面向而言，首先宜考量氫能專法與既有法規間的磨合，例如氫氣目前因屬於可燃性高壓氣體已受到公共危險物品管理辦法的管制，此類規範內容即可考慮納入未來專法；若不將既有法規納入專法，則可考慮借鏡韓國法於總則中明訂與各現有法規的適用關係以杜爭議。再者，考量氫能發展之需求及專業性，選定或新設合適主管機關。

就產業發展面向，應定義氫能產業者之態樣或類型，並設立認證制度，以明確補助資格。專法應定義潔淨氫能之內涵，我國不應如《再生能源發展條例》將相關補助限於再生能源所產的綠氫，而是考量氫氣製程排碳量不一，在綠氫發展尚不成熟之現況下，擴大潔淨氫能範圍納入低碳氫，享受差異化、細緻化的獎勵措施。

然而，除完善法制之外，我國其實更應更注重政策與社會的溝通，例如無論在南韓亦或是我國，民眾皆存在對加氫站的鄰避效應[23]，當民眾對於新興產業或技術感到陌生，法制就算明文再嚴格的安控要求也難以抵擋民眾鄰避的排斥心理。因此，在2050淨零排放路徑所設定的專法時程屆至前，政府不妨連結業者和民眾，三方進行穩健而具計畫性的教育與溝通，透過時間凝聚對氫能發展之社會共識。未來制定專法時，政府或許會和氫能業者產生更多的共鳴，也獲得民眾更多的支持。

---

[22] Cynthia，「南韓首座氫能公寓　1小時氫電用1個月」，TechNice科技島，2024年8月3日，https://www.technice.com.tw/technology/energy/127399/（最後瀏覽日：2024/8/4）。
[23] 同註20。

我國電動車產業發展困境及展望

趙緝熙、杜春緯、黃子睿

壹、前言

電動車（Electric Vehicle, EV）這項科技早在1832年就已出現，其雛形由蘇格蘭裔發明家羅伯特‧安德森所創造。20世紀初，EV迎來了第一次的蓬勃發展，在當時美國道路上約有三分之一的車輛為EV。然而，隨著世界局勢變化和原油儲備被陸續發現，汽車製造業的發展方向也發生了重大改變，導致EV逐漸沉寂，燃油引擎汽車成為了主流。如今，隨著機械科技的不斷進步、新能源的發展以及環保意識的抬頭，特斯拉公司成功的營銷策略和EV中常見搭載的先進自動駕駛技術，EV產業正在復興。各國政府逐漸訂定相關政策及規範，促使全球交通工具電動化，伴隨而來的則是市場對EV強制性需求、對傳統燃油車供應鏈的衝擊、及對EV供應鏈廠商更高程度的依賴。

近日美國總統拜登宣布了最新的汽車排放法案，其中包括在2032年前使EV在美國新車銷售中占比達56%的目標[1]。加州州長葛文‧紐森也簽署了一項行政命令，該命令旨在2035年全面禁止新燃油車的銷售，亦即在2035年之後，加州居民購買新車時只能選購EV。聲應氣求般地，歐盟議會在前年也通過目標在2035年前使所有新註冊交通工具達到零排放的決議[2]。

我國交通部也早於2017年就已提出2040年汽車全面電動化的目標，並於2022年提出了「淨零排放十二項關鍵戰略」[3]，其中第七項「運具電

1　拜登政府對汽車排放限制，參見Max Matza, "Biden administration unveils strictest ever US car emission limits to boost EVs," BBC News, https://www.bbc.com/news/world-us-canada-68621430 (last visited: 2024/9/11).
2　歐盟執委會2035禁售燃油車新聞稿，參見European Commission, "Zero emission vehicles: first 'Fit for 55' deal will end the sale of new CO2 emitting cars in Europe by 2035," https://ec.europa.eu/commission/presscorner/detail/en/ip_22_6462（last visited: 2024/9/11）。
3　我國十二向關鍵戰略，https://www.ndc.gov.tw/Content_List.aspx?n=733396F648BE2845（最後瀏覽日：

動化及無碳化」[4]更進一步補充了完善的計畫藍圖和詳細策略。臺灣環境規劃協會理事長趙家緯於一篇專題報導中亦提及，我國「電動車的擴散目標跟其他國家很不一樣，我們是『先慢後快』」（可參考報導中提供之圖表，可更清楚理解所謂不一樣之處）[5]。當然「後快」之前提是政府能解決供電及普設充電樁之問題。

電動交通工具的發展，在世界各國政策推廣下，似乎變成了「環保」與「進步」的代名詞。我國跟上電動交通工具的潮流是無可避免的前進方向。此潮流所帶動的商機極高，不論是在燃油車或是EV產業鏈的廠商，或是想要注入資金至此產業的投資者，都能在短期及長期獲利。

貳、電動交通工具的推廣

2022年被視為EV銷售量取得巨大突破的一年。全球EV銷量超過了1,000萬臺，占全球新車銷售量的14%，遠遠超過了2020年的低於5%以及2021年的9%。截至2022年，全球已有2,600萬臺EV行駛在各地道路上，較2021年增長了60%。而2023年第一季度就已售出230萬臺，較2022年同期增長了25%[6]。

根據2023年度臺灣汽車市場銷售報告，我國在2023年同樣目睹了EV市場的大幅成長。從2022年的16,120臺增長了53.7%至24,778臺[7]，市占率也從2022年的3.7%提高至2023年的5.2%。雖然與全球平均市占率14%相比仍有差距，但正向的成長率證明了消費者對EV逐漸瞭解和接受的程度。在品牌排名方面，前五名依序為Tesla、BMW、Mercedes Benz、Volvo和Kia。前九名都是外國製造商，而排名第十的中華菱利則是我國

2024/9/11）。

[4] 十二戰略之七「運具電動化及無碳化」簡報，https://ws.ndc.gov.tw/Download.ashx?u=LzAwMS9hZG1pbmlzdHJhdG9yL2EwL3JlbGGZpbGUvMC8xNTQ1Ni8yMjg2MDIxYi0yMDYwLTRiODUtOGE5Yy1jZTYzYTIxxNDM5ZDcucGRm&n=MDdf6YGL5YW36Zu75YuV5YyW5Y%2bK54Sh56Kz5YyW6Zec6Y215oiw55Wl6KGM5YuV6KiI55WrKOewoeWgscSkucGRm&icon=.pdf（最後瀏覽日：2024/9/11）。

[5] 秦季欣、李又如，「2040運具電動化：不進售、只補助，你的下一台機車會是電動車嗎？」，READr讀十，2023年3月27日，https://www.readr.tw/post/2933（最後瀏覽日：2024/9/11）。

[6] 世界電動車市場概況，參見Virta Global, The Global Electric Vehicle Market Overview in 2024, https://www.virta.global/global-electric-vehicle-market（最後瀏覽日：2024/9/11）。

[7] 2023年度臺灣汽車市場銷售報告，https://news.u-car.com.tw/news/article/77258（最後瀏覽日：2024/9/11）。

製造商，屬於母公司裕隆與日本三菱的合資企業。菱利主打廂型車及貨車，而非主流市場的休旅車或轎車。

　　電動交通工具之所以能取得各國政府及政策青睞，無非於以下幾點：能源安全、持有成本、燃油經濟性、基礎建設可獲得性、以及低（零）排放量[8]。這些理由又與聯合國17項永續發展目標（Sustainable Development Goals, SDGs）的其中多項相呼應，包括可負擔的乾淨能源、產業創新及基礎建設、永續城鎮與社區、永續消費與生產模式、氣候行動等[9]。

　　純電車或是油電混合車顧名思義以電力作為驅動能源之一，排放量相對傳統燃油車更低，甚至可以達到0排放量。同時，油電混合車擁有電池與馬達的情況下，燃油經濟性也比只能靠內燃機獲得驅動力的傳統引擎來的更為燃油節省（Fuel Efficient）。

　　持有成本的計算方式和駕駛目的及方式有密切關係，因此可能會有不同的結果。根據目前我國的法律和相關辦法（臺財稅字第09804584320號行政規則），EV牌照稅目前尚未徵收，但根據「電動車馬達馬力與排氣量對照表」的規定，預計在2025年後開始徵收。同時，根據現行規定，完全由電能驅動的汽車則不需要繳納燃料稅。此外，由於各國的電力狀況不同，充電後EV可以行駛的距離，以及相應的傳統內燃機引擎車的行駛距離和油耗也會有所不同。因此，試算出的結果可能會有所差異。另外，儘管主要零件如馬達和電池的維修費用較高，但目前主流EV業者已針對此部分提供較長的保固期限，以降低消費者的維修成本。

　　能源安全和基礎建設可獲得性則是相當宏觀的好處，對於一個國家的生存及發展至關重要。擁有可靠且不受威脅的能源獲取管道是一個國家的重要議題，對於我國等海島國家而言尤其如此。在擁有穩定的能源獲取管道的情況下，如何妥善有計畫地分配我國各區域的電力供應，以及如何有效地將各區電力網絡分配給我國居民，是衡量基礎建設可獲得性的重要指標。在這方面，制定完善的能源政策、加強電力基礎設施建設、提升能源供應穩定性等都是提升我國國民採購EV意願的重要前置條件。民間企業

---

[8]　電動車優勢及考量，https://afdc.energy.gov/fuels/electricity-benefits（最後瀏覽日：2024/9/11）。
[9]　聯合國SDGs簡介，https://green.nttu.edu.tw/p/412-1048-10039.php?Lang=zh-tw（最後瀏覽日：2024/9/11）。

則可以搭配十二項戰略其他目標，針對綠電及環保等產業布局發展。前述十二項戰略之七為：運具電動化及無碳化，我國政府針對此一目標提出之藍圖有三大方向：提高電動運具數量、完善使用環境配套、及產業技術升級轉型[10]。

參、產業技術升級轉型

我國政府針對產業技術升級轉型，提出了三項的推動路徑。

一、關鍵技術研發與產業技術升級

目前涵蓋範圍包含電動載具關鍵次系統、智慧電動巴士DMIT（臺灣設計製造）、AI智慧充電前瞻技術、低成本DC充電設備等技術產品研發、鋰金屬固態電池小型試量產線建置、電池汰換回收再利用。

二、保養維修技術人員轉型

目前包括汽車修護、檢驗人員、機車行技術轉型訓練。

三、國營事業轉型

目前方案有促使台電提供充換電服務以及中油加油站轉型低碳能源供應服務站。

這三項推動路徑對促使我國EV普及化能起到一定程度的幫助，但是，如同能源安全，EV國車國造或許才是最佳解決方案。在國立陽明交通大學防疫科學研究中心博士後研究員劉清耿所撰研究論文「台灣汽車零組件產業的技術擴散與產業升級：從火藥、高壓氣瓶到安全氣囊」中提及：「在鄭文所提出的TBIF（Trans-border Industrial Field）架構中，後進企業的能力學習是伴隨著跨國企業的控制策略同步展開，跨國企業的營運消長將會決定後進企業的能力學習方式。在這個理論預設下，鄭文以

---

[10] 同註4，頁16。

裕隆、中華兩家國產車廠為例，說明其能力學習的動態進展，並且樂觀地認為，隨著國產車廠加入跨國企業的場域分工，臺灣的零組件廠亦能學習自主的技術能力（鄭陸霖2006：162）[11]。」但劉又接著寫到：「本文在汽車零組件產業的調查中看到許多GCC（全球商品鏈）與GVC（全球價值鏈）以及TBIF無法解釋的問題。臺灣並沒有發展出世界級的整車廠……[12]」文中劉闡述其對這一現象的解釋。我國汽車零組件產業在傳統燃油車時代，所發展出來的特有經濟模式，也就是劉所定義的「技術擴散與分散式生產體系」，其原因終究為傳統燃油汽車製造業因應其產品的高度複雜性和研究與開發能力，於1980年代開始轉型成所謂模組化生產模式。因此，在我國並沒有車廠或投資者，就算在政府政策的推動與保護下，成功的透過技術轉移獲得所需之知識儲備。但隨之而來的，則是「臺灣後進廠商的競爭能力不僅限於單一企業內部的人力素質，更重要的是企業所身處的分散式生產體系，多重水平連結的生產網路中，提供了後進企業技術學習與創新的條件[13]」。

　　在當前技術發展日新月異的情況下，我國汽車產業面臨著新的機遇。傳統的高精度高動力內燃機引擎已逐漸被淘汰，汽車不再需要內燃機，而是設計與技術門檻更低的電動馬達。這意味著我國許多原本作為外國車廠供應商的企業，必須重新思考未來的發展方向，但同時也意味著，進入汽車產業所需的知識與技術等級不像過往如此之高。考慮到這一現狀，我國應該善用當前所取得的經驗與成就，再次借助政府的領導和政策的開放，以克服國產車廠在自主研發和成本降低方面的困境。南韓曾經面臨類似的挑戰，但通過政府的大力支持和政策開放，成功地建立了自己的汽車製造產業鏈，成為了全球汽車生產的重要角色，如今也成功的透過其國產品牌打入EV市場。連美國都已經由政府對企業進行晶片發展補貼，我國應該借鑑南韓的做法，由政府鼓勵國內企業進行自主研發，並提供相應的政策支持和資金投入，同時通過促進整車廠和汽車製造零件業之間的合作，建

---

[11] 劉清耿，「台灣汽車零組件產業的技術擴散與產業升級：從火藥、高壓氣瓶到安全氣囊」，台灣社會學，第40期，2020年12月，頁5，https://www.ios.sinica.edu.tw/journal/ts-40/40-02.pdf（最後瀏覽日：2024/9/11）。

[12] 同前註。

[13] 同前註，頁16。

立起一個更加緊密的產業聯盟，共同推動我國汽車產業的發展。而汽車工業的發展可以帶動無數關聯企業之發展，所以美國、日本等大汽車企業不但是各該國之知名大企業，同時也是該國企業發展之動力引擎。我國政府應當如是推行。

　　反之，我國已在傳統汽車供應鏈中的廠商則需改變策略，因爲燃油車的零件（除能與電動車共用者除外）皆會面臨供大於求的困境。當市場不再需要甚至不再販售傳統燃油車，新車零件與後續的單品維修替換零件亦不會再像以前一樣維持高需求與銷量。不論是與國內外廠商協議合作開發EV零件，或是透過累積資本併購有相關技術但尚未起飛之新興EV零件廠，都是廠商突破困境可行的路徑。

肆、提高電動運具數量

　　在秉持自由經濟的前提下，提高電動運具數量最爲直觀且簡單的辦法之一，是主動提高國民選擇EV的意願，而非強制干涉國民選擇車種。換言之，政府可以提供足夠的誘因，鼓勵國民選擇EV，而不是通過法律或政策限制或影響車輛的選擇和價格。其中一種有效手段是通過稅務優惠。目前我國針對EV提供的稅務優惠包括：

一、電動車牌照稅

　　依據財政部修訂《使用牌照稅法》第6條附表4[14]，如上述所提有馬達馬力換算牌照稅稅額表。惟2021年立法院三讀通過之修正草案[15]，將牌照稅免徵延續至2025年底。

二、電動車貨物稅

　　同上，行政院政事核定電動車貨物稅減免延續至2025年底。但由於

---

[14]　《使用牌照稅法》，law.moj.gov.tw/LawClass/LawAll.aspx?pcode=G0340095（最後瀏覽日：2024/9/11）。

[15]　使用牌照稅法修正草案，dot.gov.tw/singlehtml/ch26?cntId=ed475071fcef48a9a9ac36dbf3404e95（最後瀏覽日：2024/9/11）。

目前EV車價因生產成本及進口關稅等原因，仍舊相對高昂，所以針對特種貨物及勞務稅仍舊處於能夠輕易達標並導致需要繳交之門檻。

三、電動車燃料稅

目前我國完全以電能為動力之電動車免徵燃料稅。

四、換車補助

目前我國有兩項法案補助換電動車獎勵，分別針對淘汰老舊汽油與柴油引擎車[16]。兩項補助法案都到2024年底為止。

反觀美國，根據《美國國內稅收法》（Internal Revenue Code）第30D條、及該法執行聯邦機構美國國稅局（Internal Revenue Service）頒布之相關管理辦法，購買純電EV（All-electric）、插電式油電混合車（Plug-in Hybrid）、及燃料電池載具（Fuel Cell Vehicle）之駕駛者，可以獲得最高7,500美金的稅務減免[17]，折合新臺幣24萬（依美金對新臺幣匯率1：32計算之）。計算稅務減免的因素包括建議售價（MSRP）、最終組裝地點、電池成分／重要金屬來源、以及調整後的總收入（AGI，納稅人得總收入減去在計算所歉稅款之前可以減少納稅人收入的特定扣除額[18]）。《2022年降低通膨法案》（The Inflation Reduction Act of 2022），由拜登總統簽署通過，把該稅務減免期限從2023年延至2032年[19]。除此之外，各州也有相對應的政府補助誘因。以加州為例，各地區皆有一定程度的EV購買退款，從500美金到1,500美金不等[20]。取美國市占率前十之EV為例，其平均價格為53,758美金。其中，低配版平均48,430

16　《老舊車輛汰舊換新空氣污染物減量補助辦法》，https://law.moj.gov.tw/LawClass/LawAll.aspx?PCODE=O0020134（最後瀏覽日：2024/9/11）。

17　聯邦稅務減免，https://fueleconomy.gov/feg/tax2023.shtml（最後瀏覽日：2024/9/11）。

18　稅務減免因素，https://www.irs.gov/zh-hant/newsroom/year-round-tax-planning-all-taxpayers-should-understand-eligibility-for-credits-and-deductions（最後瀏覽日：2024/9/11）。

19　美國降低通膨法案相關報導，參見陳怡廷，「美國總統拜登簽署《降低通膨法案》，通過美國史上最大氣候變遷支出法案」，Stli科技法律研究所，2022年12月，https://stli.iii.org.tw/article-detail.aspx?no=0&tp=1&d=8918（最後瀏覽日：2024/9/11）。

20　選購電動車誘因搜尋，https://driveclean.ca.gov/search-incentives（最後瀏覽日：2024/9/11）。

美金，而高配版則為64,936美金[21]。假設一納稅人符合最高等級稅務減免條件，可以享受到7,500美金稅務減免，取前十EV平均價格，實為汽車價格打86折。加上其他州／市政府回扣與其他好處，計算之價格實際上更為低廉。

伍、完善使用環境配套

如前所述，目前我國在推動運具電動化方面仍存在一定程度的不足。取消稅務減免優惠、高額進口車稅、以及缺乏額外誘因讓消費者願意購買EV，這些因素都未能有效促進EV數量的增加。我國高昂的進口車稅並沒有明確目的，且對於產業技術升級轉型也缺乏更具體且長遠的發展目標，無法有效實現永續企業發展的願景。

此外，還有關於使用環境配套的問題需要解決。我國近年來大力推廣之「2050淨零排放」目標亦包括綠電轉型，而電力儲備量多寡時常登上我國新聞版面。如載具全面轉型成EV，我國是否有足夠的基礎建設以確保每位用路人的基本所需？電力儲備、充電樁的設置、興建私人住宅大樓與商辦停車場時的線路配置、既有建物如何增設充電樁以確保滿足供應市場轉型需求等，都是我國目前推行零排放所遭遇的問題。依據2023年9月公布實施之「電動汽車充電專用停車位及其充電設施設置管理辦法」第2條規定公有路外公共停車場僅提供2%車位有充電設施，若是民營則僅有1%。有鑑於電動車的里程焦慮一直是消費者的最大考量，各車廠使出全力要提高電動車的巡航里程就是證明，因為電動車充電時間遠遠高於燃油車之加油時間，以致充電樁之普及與否影響消費者之意願。所以政府若是有心推廣電動車，則充電樁是必須大量建置的，況且以臺灣人口之密集程度，不論從環保考量或是國民健康考量確實應多獎勵電動車取代燃油車。

作為其《基礎設施投資和就業法》（*Infrastructure Investment and Jobs Act,* IIJA）[22]的一環，美國於2024年2月28日通過了《國家電動汽車

---

[21] 美國電動車價格資料，https://www.findmyelectric.com/blog/electric-car-prices/（最後瀏覽日：2024/9/11）。

[22] 《基礎設施投資和就業法》，https://www.gfoa.org/the-investment-and-jobs-act-iija-was（最後瀏覽日：2024/9/11）。

基礎建設標準及需求規則》（*The National Electric Vehicle Infrastructure Standards and Requirements Rule*, NEVI），搭配NEVI計畫，向各州發放5億美元，沿著聯邦政府指定的替代燃料走廊創建一個全國性的互聯直流快速網路[23]。NEVI影響地區包括了美國50州、華盛頓特區、及波多黎各。它保證了消費者在充電站時的良好體驗，包括維持至少97%的上線運作時間、實時計價收費模式、無線支付、與美國《身心障礙者法》合規（這點也契合SDGs價值觀）、充電系統互通性、以及第三方對聯邦機構的資訊分享及回報。不過，理想很豐滿但現實很骨感，美國拜登總統於2021年12月13日宣布一項聯邦新計畫，未來全美各地將建立50萬個電動車充電站，並將降低電動車價格，以促進汽車業的大轉型。副總統賀錦麗13日在馬里蘭州已完成的氣電站表示，「我國和全世界交通業的未來在電氣化」。拜登總統上月簽署實施的兆元基建法案，含50億元幫助各州建立電動車充電站網絡的預算，其中馬里蘭州可獲得6,300萬元的聯邦經費補助；基建法案另撥款25億元，幫助偏鄉與較窮困地區建立、經營充電站。然而在國會撥款75億美元兩年多來，到2024年只在4個州設好7座，另有4個州尚在架設作業中。還有另外12個州剛獲得設站合約，但有多達17個州根本連計畫案都還沒提。進度遙遙落後，以致大大影響地廣人稀之美國的電動車之普及率。

　　除此之外，我國面臨著技術層面的挑戰。舉例來說，電池技術造成的里程數在我國相對有限的國土範圍內是可行的：通過妥善配置充電樁，EV的續航里程應該足夠用戶規劃行程和掌握充電時機。然而在人口密集的都會地區，充電站的高需求可能會導致交通擁堵或等待充電時間成本增加。此外，生產EV電池也可能對環境造成污染，造成其環境成本有可能高於民眾持續使用傳統燃油車所造成的污染。根據最新的宅電統計，截至2023年6月，臺灣共有1,631個充電站點（AC + DC），比2022年同期增加了232個新站點。截至2024年3月底，臺北市、臺中市、新北市、高雄市、桃園市、臺南市是擁有最多充電站點的前六個縣市。

---

[23]　NEVI Formula計畫，https://www.energy.ca.gov/zh-TW/programs-and-topics/programs/national-electric-vehicle-infrastructure-nevi-formula-program（最後瀏覽日：2024/9/11）。

歐盟於2023年8月17日通過新《電池規章》（*Batteries Regulation*）[24]，其規範了電池從生產，經過回收，直到再利用的一切，使得EV電池（立法主要目的）能夠被更加完善的使用，降低對環境的污染。美國參議院也於2022年通過了《策略性電動汽車管理法案》（*Strategic EV Management Act of 2022*），以便聯邦政府督促其擁有之燃油車轉型成EV，以及針對EV電池之管理[25]。雖然目前該法仍在眾議院審議階段，也只能影響聯邦政府擁有之車隊，但該法也為聯邦政府在未來為全國訂定電池管理統一標準做出鋪陳。

我國因歷史與政策原因加上國人生活習慣導致摩托車盛行，其發展史即為我國經濟發展之最佳寫照，重要性不可忽視。我國現有兩大電動摩托車品牌，Gogoro及光陽Ionex。這兩家廠商對臺灣電動交通工具之發展有著不小的貢獻。惟我國道路規劃以及摩托車數量，皆對我國目前交通狀況產生極大的影響。我國計畫逐漸替換掉燃油車，當然也包括摩托車。當前龐大摩托車用戶人口該何去何從？根據交通部統計查詢網的數據，2023年10月，臺灣共有14,532,264輛機車（重型機車與輕型機車合計），而若考慮同時期的人口數，則可得出臺灣每100人有62輛機車的結論？如若全數轉為電動摩托車，當前二大廠商配套之電池更換設備的數量將是關鍵，其必要性將會取代加油站，提升至基建的地步。政府該如何與民間業者取得共識，或是透過技術共享開放，或是透過新訂法規統一電池與充電站規格，甚至對道路規劃都將變成參考因素。如若應EV成本降低順勢逐步減少摩托車數量，則停車位規劃以及汽車充電樁之規劃則會變得更為重要且容易。一言以蔽之，我國道路交通的生態環境需要極大程度的改變、整合以及完善。

如果我國無法自主研發車輛，我國民眾則可能會受到國外製造商未來車型趨勢的影響。同時間，我國也無法更加確實的落實對消費者的保護、對環境與永續發展的承諾、以及對我國企業應該提供的幫助。作為科技業

---

[24] 《歐盟新電池規章》，https://www.europarl.europa.eu/legislative-train/theme-a-european-green-deal/file-revision-of-the-eu-battery-directive-(refit)（最後瀏覽日：2024/9/11）。

[25] 還在審議階段之美國電池相關草案，https://www.congress.gov/bill/117th-congress/senate-bill/4057（最後瀏覽日：2024/9/11）。

重鎮之我國，對一切趨近電子化之時代，應該要能掌握自身的經濟命脈，包括國人每日使用的交通工具製造，實無理由任由外國廠商主導。如若以政府政策方向爲由，由業界各參與者組成聯盟，經法律界人士協助推動政府進行產業改革，抑或者是對EV產業鏈提高政府支援力度，則可以使EV產業鏈的參與者與投資人都受益。成功的國產品牌、良好的EV使用環境、以及比燃油車更佳的稅務優惠，三者合一則可以使我國成爲一個健全發展EV的自由市場。韓國能，我國爲何不能？

陸、高度電動化的後果與挑戰

我國汽車產業朝著電動化前進將帶來巨大的變革，不僅對現有汽車產業和相關產業鏈影響甚大，還將在就業和貿易方面產生許多好處。首先，整車廠的增加將創造更多國內外就業機會，同時也會影響我國的進出口貿易格局。我國會增加原物料的進口，如鋼鐵等，並增加零組件和整車的出口，這將對我國的貿易順差帶來重大利好。

同時，由於EV的結構和設計，難以避免大量使用電子零件，目前市場上的EV都配備了電子控制器（ECU），而隨著車輛內部搭載應用之技術不斷升級，ECU的作用日益突出。幾年前因COVID-19造成的全球供應鏈中斷，對汽車製造業影響深遠，其中EV對車用晶片的需求相較傳統燃油車更加巨大。更多的電子元件意味著更大的資訊安全風險，像是可聯網車內娛樂系統、與手機聯動、透過網路更新車用軟體等，都是物聯網在EV中的應用，而這些都是潛在資安漏洞與風險。此外，若我國有朝一日自行研發EV，則需確保其具備必要的功能，並設法防止電腦系統遭受外部惡意攻擊。同樣，我們也無法完全確認進口的所有車輛，不論產地，其資訊採集、儲存、及傳輸功能皆無後門（backdoor）或漏洞。

美國國家公路交通安全局於2022年公布了其最新版之《現代汽車安全之資安最佳實踐方針》（*Cybersecurity Best Practices for the Safety of Modern Vehicles*）[26]，正確的認知到現代汽車內含零組件與軟體使其成爲

---

26 《現代汽車安全之資安最佳實踐方針》，https://www.nhtsa.gov/sites/nhtsa.gov/files/2022-09/cybersecurity-best-practices-safety-modern-vehicles-2022-tag.pdf（最後瀏覽日：2024/9/11）。

網宇實體系統（Cyber-Physical System, CPS），而針對該系統的資安弱點可能影響實體安全。方針涵蓋了許多面向：汽車開發階段之顯性資安考量、資訊共享、安全弱點回報機制、自我審查等，也提及了售後之安全性保障。雖然這套方針並非強制性，僅為可自發性遵守之方針，但依舊是一套詳細規劃之參考物，且各製造商皆自發遵守。我國也需透過非強制性引導方針使得國內車廠逐漸轉型成為更為負責之企業，並為以後立法強制規範做出準備。

　　隨著車用電子零件與相關科技的發展，EV的自動駕駛技術也隨之起飛。國際汽車工程師學會（Society of Automotive engineers professional association, SAE International）於2021年明定自駕車的分級標準；聯合國歐洲經濟委員會世界車輛法規協調論壇也於同年發布第157號條例（UNECE R157），就自動車道維持系統制定一致性規範，作為開發「有條件自動化駕駛」（L3）等級車輛可依循的法規，確保自駕車的安全及性能可達一定標準。自動駕駛技術分為6級，從完全由人駕駛的無自動0級至全自動駕駛的5級[27]。全球科技發展至今一般市售車輛也沒有真正能夠實現5級全自動駕駛。撇除科技層面的桎梏，倫理與法律層面也困難重重。目前我國法規並不允許全自動駕駛，其原因不外於三：現有法規框架並沒有做好容納自動駕駛系統的準備[28]、事故時的法理與倫理責任歸屬、人民駕駛交通工具的素質修養與守法程度。參考德國於2021年通過的《自動駕駛法》法案（*Verordnung zur Genehmigung und zum Betrieb von Kraftfahrzeugen mit autonomer Fahrfunktion in festgelegten Betriebsbereichen*）[29]，其就完整規範了自動駕駛所有面向，包括法案覆蓋範圍、獲取執照條件、開放自動駕駛地區之定義、資訊儲存、以及罰則等。德國自動駕駛法成功的規範自動駕駛在德國境內的發展與應用。另，關於資訊儲存這一部分，也一定程度的滿足了針對資訊安全的保護需求。該法第15條規定自動駕駛需按照該法附件2滿足資訊儲存需求，且該資訊

---

[27] 我國經濟部發表無人駕駛相關資訊，https://www.moea.gov.tw/mns/doit/content/Content.aspx?menu_id=34670（最後瀏覽日：2024/9/11）。

[28] 《道路交通管理處罰條例》第43條第1項第1款：「在道路上蛇行，或以其他危險方式駕車。」

[29] 《德國自動駕駛法》，https://www.gesetze-im-internet.de/afgbv/（最後瀏覽日：2024/9/11）。

只能由德國聯邦交通管理局（Kraftfahrt-Bundesamt, KBA）及其他具管轄權之公家機關存取，且存取目的僅爲確認駕駛與車輛與准許上路條件合規，以及監控准許上路條件所附帶的應盡義務之滿足[30]。德國政府把自動車的一切用戶資訊納入法案管轄之下，使法案規範之資訊皆受用歐盟之GDPR以及德國之《資訊科技安全法1.0》（*Gesetz zur Erhöhung der Sicherheit informationstechnischer Systeme IT-Sicherheitsgesetz 1.0*）[31]。政府及民間企業有責任保證網路使用者的安全聯網功能，而這當然也包括了上述之資訊儲存。我國可以效法德國，把相關系統歸類在其重要基建（Kritischen Infrastrukturen, KRITIS）之下，以確保其受重視與保護。我國現行《資通安全管理法》第1條明訂：「爲積極推動國家資通安全政策，加速建構國家資通安全環境，以保障國家安全，維護社會公共利益，特製定本法[32]。」行車安全作爲國家發展重點項目之一，保障人民行車安全，即可視爲保障國家安全以及維護社會公共利益。

　　我國政府爲推動自駕車技術研究發展與應用，於2018年12月制定公布《無人載具科技創新實驗條例》；交通部也於同年新增《道路交通安全規則》規定，明訂汽車研究機構等單位因研究、測試業務而有試行有條件自動化（L3）、高度自動化（L4）及完全自動化（L5）等自駕車輛的需求，得依規定申領試車牌照及行駛。據公路局統計，2023年度小客車新車領牌數計41萬餘輛，該等新車款於市面販售，多已將主動式車距調節巡航（ACC）、車道維持輔助、車道置中、盲點偵測功能等先進駕駛輔助系統（Advanced driver-assistance system, ADAS）列爲標準配備，可單獨或共同進行系統作動，相當於SAE International自動化駕駛分級標準所定的輔助駕駛（L1）、部分自動化駕駛（L2）等級，半自動駕駛的小客車於我國消費市場已逐漸普及與商業化。以上這些都是EV發展的基礎進程。

30　同前註。

31　《德國資訊科技安全法1.0》，https://www.bsi.bund.de/DE/Das-BSI/Auftrag/Gesetze-und-Verordnungen/IT-SiG/1-0/it_sig-1-0_node.html（最後瀏覽日：2024/9/11）。

32　《資通安全管理法》，https://law.moj.gov.tw/LawClass/LawAll.aspx?pcode=A0030297（最後瀏覽日：2024/9/11）。

柒、未來發展方向

各國政府和企業將更積極地推動環境、社會和公司治理ESG及更上一層架構之可持續發展目標SDGs目標的實際應用模式。例如，我國金融監督管理委員會（金管會）從2023年開始強制規定，資本額達20億以上的上市和上櫃公司必須編製並申報永續報告書，而這可以被視為我國對這一趨勢的回應及政策性靠攏，而淨零減碳是推動及發展ESG及SDGs重要之一環。

EV產業的特性使其成為SDGs目標發展下的重點產業之一。它不僅不排放廢氣，能夠有效減少碳足跡，還可以在理論上協助企業實現極高的企業負責任程度。此外，EV的生產製程可以使用永續可再生能源，且與EV配套的零件生產過程中伴生較少的廢棄物。隨著第5級自動駕駛的普及，EV還可以降低用路風險。同時，EV的發展也可以帶動周邊產業的發展，使周邊產業也成為永續經營企業的供應鏈一環。EV適合且也正在成為我國推行無碳化的最佳載具。舉例而言，Gogoro作為我國電動摩托車市場大手企業，其出產之產品占據我國電動摩托車市場的75.6%，而2024年5月市占率達總摩托車市場的8.7%，目標在同年穩固於10%[33]。參考Gogoro於2023年釋出的第一版影響力報告，其中提及它針對ESG所做出之貢獻與相關數據，並且也羅列出其與前述聯合國SDGs重疊之範圍，其針對永續發展之布局，或許亦可成為我國案例研究之對象。

基此，不但國內廠商需積極關注政府立法，外國企業想進入我國發展EV產業市場，也會受到不小的影響。我國訂定相關法規，勢必對EV市場帶來相較現在更高的標準。外國企業該如何行動與布局以符合我國監管態度與規範則會變成外國企業進入我國市場必須跨越的門檻。以我國資通安全管理法為例，如我國在未來把EV相關基建納入其下，則外國廠商或許須於臺灣設立直屬分公司，以滿足某些法規需求。考量到參考案例中對資

---

[33] Gogoro相關新聞，參見葉時安，「《產業》Gogoro領牌數、市占　5月雙寫近1年半新高」，Yahoo!股市，2024年6月3日，https://tw.stock.yahoo.com/news/%E7%94%A2%E6%A5%AD-gogoro%E9%A0%98%E7%89%8C%E6%95%B8-%E5%B8%82%E5%8D%A0-5%E6%9C%88%E9%9B%99%E5%AF%AB%E8%BF%911%E5%B9%B4%E5%8D%8A%E6%96%B0%E9%AB%98-005717360.html（最後瀏覽日：2024/9/11）。

料傳輸、儲存、資安漏洞回報機制皆列為重點，我國如採納相同架構，則外國企業也須針對在我國境內合規一事配合做出一定布局與規劃。在我國境內設立資料中心以儲存於我國境內產生之駕駛及載具資訊、獲得我國政府機關許可以將部分研究與統計改良用資訊回傳給國外母公司或研究中心、載具韌體資安規格與我國法律條款合規等，都是外國廠商需要滿足之條件。此外，經濟部於2024年7月30日宣布，若引進「中國車款」在臺組裝銷售，將強制一開始就訂國產化例，上市第一年15%，上市第二年25%，第三年35%，業者在地化供應鏈比重須逐年提高比例，並且溯及既往，自2024年8月1日起實施。這項新制適用國產車，包括燃油車及電動車。此等政策對發展國展EV實為利多，因為中國EV發展已經要凌駕特斯拉之上，若能將之在地化，對我國發展EV頗有助力。

捌、結論

　　總結來說，臺灣EV產業的未來發展必須是多方面且具有前瞻性的，而重點則應放在法律框架、配套措施與投資、以及資訊安全。投資固然重要，且也最為簡單，只需將資源和資金有計畫地投入即可，但法律框架是至關重要的基石，它是這個策略三角形的頂點。沒有健全的立法，配套措施和投資都無法有效實施。在我國不可避免擁抱EV的趨勢下，製造業及相關產業對趨勢的把握，以及我國符合全球對可持續性和創新交通的需求中，配套措施應與立法目標一致，以確保過渡的各個方面都能得到全面覆蓋。而立法的目標就是要具體有效規範交通安全、便捷。透過自主研發和扶持本地EV產業，我國不僅能確保資訊安全和提升交通基建的安全性，還能抵抗低價銷售EV的策略，增強國際競爭力。因為EV之發展，自動駕駛部分，不可避免要仰賴人工智慧科技（Artificial Intelligence, AI）之加持，無疑地，輝達（Nvidia）是全球AI發展之重要晶片廠商，而臺灣的華碩、永擎、鴻海旗下富士康、技嘉、英業達、和碩、雲達、緯創和緯穎等公司都是輝達重要供應商；美超微（SMCI）在臺重要供應商有翔耀實業、是方電訊、數位無限、無敵科技等；超微（AMD）將在臺灣設立研發中心，且輝達及美超微這樣的美國超級大廠都宣布要在臺灣設立算力

中心，也就是臺灣掌握AI開發應用之重要技術。這些足使臺灣EV發展可以有本國相關企業之充分支援，既資源充足且減低成本又提升效率。但是不論AI或是EV，在在需要充足的電源供應，在我國能源轉型之此時，替代能源未達標而核能又將退役，實在是一大考驗。

　　通過專注於這些策略方向，臺灣可以有效應對挑戰並抓住全球向EV轉型所帶來的機遇：臺灣有潛力成為EV產業的佼佼者。這不僅有助於全球的可持續發展目標，還能推動經濟增長和技術進步。同時，各產業人士可以審慎思考，自身產業的未來，能否與此趨勢相結合？如果可以，則該努力布局，為自身滿足未來可能新訂定的法規規範而行動。如果不行，那自身該做出什麼樣的改變，又或是能投資什麼樣的產業，以獲得潛在獲利門票，也是值得思考的方向。不論如何，EV產業的重要性日與劇增，而搭上這股潮流則是獲得豐厚報酬的一條大道。若背道而馳，輕則無利，重則與法律義務脫軌，對公司名譽甚至獲利造成損害。大型法律事務所有足夠的人才和人脈，可以成為企業在這一過程中發展或者轉型的重要夥伴，幫助他們更好地應對未來的挑戰和機遇。

躉購費率在臺灣之演進與現狀

吳孟融、謝佳恩

壹、前言

近年來因為工業發展造成大量溫室氣體增加，進而造成全球暖化、極端氣候加劇的問題，為了管控人為活動所產生的碳排放量、減少溫室氣體的排放，各國對於加速能源轉型以在2050年達到淨零排放皆有共識，確保社會環境的安全及永續。故在國際減碳趨勢下，我國的再生能源建置容量也逐漸上升，初期政府為了鼓勵及促進再生能源之發展，參考國外經驗使用台電保證收購的躉購機制，但隨著綠色供應鏈的要求及法規逐漸鬆綁開放，綠電交易市場呈現快速發展且需求大增，臺灣的綠電交易市場進入新的世代，躉購制度對於臺灣再生能源領域的角色及定位也在悄悄改變及轉型中，甚至可能會功成身退走入歷史。

貳、躉購費率之適用及背景簡介

為促進再生能源發展，臺灣政府於2009年時通過《再生能源發展條例》，並於再生能源發展條例第9條明文規定，中央主管機關應組成委員會，訂定躉購費率，明確將德國2000年《再生能源法》的Feed-In Tariff（簡稱FIT，下稱「躉購」）制度正式引入臺灣。而所謂躉購制度，係指政府以一個事先訂定好的費率，以一定條件長期收購再生能源電力之制度，可謂一個保證收購之制度，此等制度之目的在於，確保投資者對於再生能源之投資安全[1]，即透過政府與再生能源發電業者訂定一長期、具有確定性之契約，而促使投資者願意投注資金於再生能源發展。

---

[1] 陳信安，「由國家擔保責任論電價管制下之再生能源財務補助──兼論我國太陽光電競標制度」，科技法學論叢，第13期，2018年12月，頁11。

　　我國躉購制度的法源規範於《再生能源法展條例》中[2]，條文中的公用售電業即爲台灣電力股份有限公司（以下簡稱「台電」），由台電以特定費率在特定年限收購再生能源設備所產生的電力，而與保證收購制度相對應的是補貼制度，但補貼制度對於身爲基礎建設且使用年限較久的再生能源發電業而言，容易產生的問題是對於廠商的誘因不足，廠商通常僅著眼於在建設之時如何善用補貼制度將成本壓至最低，而補貼制度對於設備長時間的維護保養，並無增加獲利的誘因，因此該制度不利於需要長期穩定運作的再生能源設備。

　　躉購制度之使用，於再生能源發展初期有其一定之重要性，其透過較優越之條件，以政府之公信力吸引投資者投入於再生能源發展產業，可說是一政府針對再生能源之鼓勵性措施，另外，現行躉購制度，係以固定之躉購費率向再生能源發電業者躉購20年之電力，即保證再生能源業者在20年內所生產之電力原則上均能以政府承諾之躉購費率出售，而針對初期建置成本較高、資本密集之離岸風電及地熱發電，亦特別允許業者得使用「階梯式躉購費率機制」，即前10年採取較高之費率、後10年再用較低之費率收購，以降低建置時及營運初期之還款與利息壓力。

參、躉購費率於臺灣之實踐

一、適用於離岸風電之情形

　　我國政府爲培植離岸風力發電經驗，採取「先示範、次潛力、後區塊」三階段開發策略，並以「先淺海，後深海」作爲推動策略。第一階段：提供補助示範獎勵，引導投入；第二階段：公告潛力場址，先遴選後競價；第三階段：政府主導區塊開發，帶動產業發展，領海內未開發之離岸風場進行整體區塊劃設，並推動本土供應鏈全面產業化，包括：風力機關鍵零組件、塔架、水下基礎、海纜、海事工程船舶製造等之完善離岸風電產業供應體系。

2　《再生能源發展條例》第9條第4項：「再生能源發電設備所產生之電能，除依電業法直供、轉供、自用及售予再生能源售電業外，應由公用售電業躉購。」

另外也因爲離岸風電存在較高的技術門檻及開發成本，離岸風機尺寸巨大、裝設地點又在海上，因此不論是運輸或安裝都需要特殊的工作船，再加上國內以往對於相關海事工程經驗較爲缺乏，技術的要求及昂貴的造價對於開發廠商都是負擔。因此對於離岸風場開發業者或提供融資的金融機構而言，穩定且有競爭力的電費收入無疑是一劑強心針，也因此薑購制度成爲了離岸風電業者的最佳選擇。

然而，在第二階段先遴選後競價的選商制度流程上，竟然破天荒地出現業者以遠低於當時經濟部所公告台電提供薑購價格的金額來競標，並且在得標後宣布未來並不會以薑購方式將電力出售給台電，而是會透過企業購電合約（CPPA）將該離岸風場所生產的電力出售給企業購電戶。從此之後，臺灣的離岸風電市場進入了下一個世代，在第三階段區塊開發時台電薑購金額的競價已不再是考量的主要因素，而是著重在技術能力與財務能力的履約能力審查，以及各開發商能如何各顯神通，將電力出售給企業購電戶。

回頭看我國離岸風電市場，初期爲鼓勵及發展再生能源，使用了保障收購年限及收購金額的薑購制度，利用穩定的報酬率及現金流來吸引投資人開發再生能源，並同時要求開發商應配合國產化義務，以扶持我國再生能源之產業及技術。並且逐步演進到全面以企業購電合約取代台電薑購契約作爲風場的收入來源時，也象徵著政府對於風場經濟上補貼或優惠政策的退場，全面回歸市場機制。

二、適用於太陽能之情形

太陽能電廠的開發與離岸風電稍有不同，除了開發及興建再生能源發電廠的評估及行政作業流程外，由於太陽能電廠需要使用到較大面積的土地，因此在地狹人稠的臺灣，不論是公家機關或是私人土地，業者必須要花費相當多的時間成本來尋找適合且符合成本的土地。而我國《民法》租賃的期限爲了避免過長的租賃期限導致資產無法活化及利用，設下了20年期限的限制[3]，然而，此20年卻恰好與台電提供給業者薑購期限的20

3　《民法》第449條第1項：「租賃契約之期限，不得逾二十年。逾二十年者，縮短爲二十年。」

相同，導致有可能發電廠無法順利如期運作20年就被公家單位或私人地主要求拆除並返還土地，將會造成試算財務模型時收益大幅度的減少，進而導致該案件的風險提升甚至無法繼續進行開發。

太陽能電廠的發開金額並沒有像離岸風電的巨大，由於技術門檻及開發難度的不同，導致太陽能的躉購費率也不低於離岸風電，再加上政府為了促進太陽能電廠的開發，不同於離岸風電採取所謂的簽約費用（即以與台電簽署躉購契約當年度的費率為準），太陽光電係適用所謂的完工費率（亦即以該案場完工當年的躉購費率為準），再輔以所謂的回溯費率（即以完工前特定核准或許可取得時間的躉購費率為準，但前提是必須於一定時間內完工），因此，太陽光電案場時常會有所謂時程延宕導致費率與預期不同，甚至衝擊到該案的財務模型、進而影響投資與否的決定。

此時企業購電合約就成為了解套的關鍵，由於企業購電合約的價格是由購買方與出售方討論決定，不像躉購制度是基於法律的規範，所以彈性較大，甚至在再生能源憑證（Taiwan Renewable Energy Certificate, T-REC）的加持下，企業購電戶甚至會開出比躉購費率更高的金額來跟開發廠商購買。再生能源憑證的有無，可以說是企業購電合約與台電躉購契約的最大差異點，也可以說是企業戶購電的最大原因。不論是現在已經存在的用電大戶條款需求、日益重要的企業社會責任報告書，甚至是國際上的溫室氣體盤查及碳權，都可以透過再生能源憑證得到解決，因此企業購電合約在再生能源憑證如此高的經濟效益加值下，可以將綠電賣出更好的價格。

就現實面而言，離岸風電廠及大型的太陽能電廠開發均較困難且曠日廢時，反而是小型的太陽能電廠因為申設流程較為簡便、建置速度較快，所耗成本亦較低，故占了全臺灣再生能源比例的大宗，再加上近來主管機關以函釋開放容許小型再生能源發電設備所生產之電能亦得直接於綠電市場自由交易，確保我國綠電市場不再發生綠電「荒」之問題，也導致太陽能電廠的台電躉購合約逐漸減少，取而代之的是更多的企業購電合約。

肆、結論：躉購費率之未來

　　企業購電合約與台電制式的躉購契約不同，不論是購電的金額、期限，或是其他的條款都需要重新磋商跟討論，也因此契約的內容充滿了彈性且相當靈活，可以依據個案的需求做不同的安排，然而也因為企業購電契約過於彈性，而且每個購電的企業不見得有像台電這麼好的信用水準，未來在履約上也無法如同台電般穩定，簽訂企業購電契約的發電廠在現金流量上可能會遭到一定程度的質疑或挑戰，也有可能導致銀行在評估專案融資時提高利率甚至降低借貸的成數，更將直接影響案件能否開發的成敗。

　　再生能源案場於建置期，多有向銀行融資之需求，於正式售電後，亦可能基於財務安排，而再有融資之需求，因此台電躉購契約的買方即為台電，銀行毋庸擔心台電會有遲延付款、不付款等違反電能購售契約之行為，因此，在融資申請上，較不會遇到太大的困難，當售電對象可能變為企業購電用戶時，在信用評價上有所落差，開發商可能面臨遭融資銀行調整貸款條件之要求甚至借不到錢的情況，因此，政府目前正在推動「綠電信保機制」以及「小包裝綠電銷售」等配套措施及機制。由此可知，手握再生能源憑證的企業購電合約並非萬靈丹，與台電躉購合約相比互有優劣，故躉購制度仍有其存在之必要性，該如何與企業購電合約互相搭配操作與使用，以達到天秤兩端的最適比例，才是最應思考與解決的難題。

我國綠能電廠證券化之展望：美國 Solar ABS之借鏡

谷湘儀、蟻安哲、連忻

壹、我國綠能電廠證券化的需求與契機

隨著國際社會日漸重視減碳永續及再生能源發展，我國政府亦從善如流，2017年修正通過《電業法》，開放民間「綠能發電廠」及「綠能售電業」進場，扭轉了近50年電力市場由國營事業壟斷的局面，樹立我國電業自由化的里程碑；2021年蔡總統在世界地球日宣示「2050淨零排碳」為我國重要目標，國發會也於2022年3月發布「臺灣2050淨零排放路徑」。

在政策的推波助瀾下，我國2023年的電力來源，再生能源之發電占比已躍居第三位（9.5%），次於燃煤及燃氣，超越核能發電（6.3%）[1]，並繼續成長中。又若細究再生能源種類，2023年太陽光電已成為最主要的再生能源來源，占所有再生能源發電48%，風力發電次之（23.2%），其他依序為水力發電（14.7%）、生質能及廢棄物（13.9%）以及地熱（0.1%）[2]。

又依據臺灣2050淨零排放路徑下經濟部制定之「『風電／光電』關鍵戰略行動計畫」，風電部分我國政府設定2030年達13.1GW以及2050年達40～55GW的目標發電量，而太陽光電部分則設定2030年達31GW以及2050年達40～80GW的目標發電量[3]。設定前開的目標發電量一定程度顯示政府預期的綠電需求量，此龐大的綠電需求對開發商而言意謂存在極大

---

[1]　國內能源供需概況，https://www.esist.org.tw/api/files/1.%E5%9C%8B%E5%85%A7%E8%83%BD%E6%BA%90%E4%BE%9B%E9%9C%80%E6%A6%82%E6%B3%81(112).pdf（最後瀏覽日：2024/8/4）。

[2]　同前註3。

[3]　經濟部，「『風電／光電』關鍵戰略行動計畫」，2023年4月，頁8-9，https://www.ey.gov.tw/File/E5C4540E618F7DB5?A=C（最後瀏覽日：2024/8/4）。

的市場發展空間，也衍生對資金更大的需求。

　　就再生能源電廠建置的資金供給端而言，為推動再生能源產業的投資，我國金融監督管理委員會（下稱「金管會」）自2017年至今陸續推動綠色金融行動方案1.0、2.0及3.0，鼓勵金融機構對綠能產業之投融資，以協助綠能產業之籌資。除了銀行融資、綠色債券外，我國是否能發展綠能電廠證券化商品，以《金融資產證券化條例》作為依據，將發電收入包裝後發行受益證券，引導民間資金參與綠能電廠投資，受到各界重視。

　　以國外經驗而言，資產基礎證券（Asset Backed Security, ABS）之發展屬美國最為發達且最具規模，美國綠能業者之住宅型太陽能支持證券（Residential Solar ABS）近年崛起大放異彩，令人矚目。有鑑於綠能電廠普遍具有前期建置成本高、建置時間長、風險高但進入營運期即能產生穩定收入之特性，開發商如能仰賴多元籌資管道，運用ABS發行滿足其資金需求，勢必能加速開發商回收成本並有利擴張電廠規模，同時也多元化我國投資商品，符合綠色金融潮流，帶動永續發展。我國如何藉由現行《金融資產證券化條例》將電廠售電債權包裝成證券化商品？現行制度下有無阻礙？美國經驗有無借鏡之處？現行法規如何檢討？值得深入探討。

貳、以《金融資產證券化條例》進行綠能電廠證券化之可行性探討

一、電廠售電債權之特性與證券化之應用

　　按證券化之基礎資產需達相當規模並具有規格化、標準化特性，以太陽能電廠為例，實務上電廠設置會先由開發商成立專案公司申請電業許可，如裝置容量為2,000瓩以上之非自用發電設備，依「再生能源發電設備設置管理辦法」規定，屬於「第一型再生能源發電設備」，電廠會與台電簽署電能購售契約（Power Purchase Agreement, PPA），PPA之期間為10至20年等長期年限，電能躉購費率則依經濟部每年之公告金額；電廠亦得與有綠能需求之企業簽署再生能源電能購售契約書（Corporate Power Purchase Agreement, CPPA），其實務上之簽約期間多數亦為20

年，因近年來新電廠建置成本上升，CPPA約定之售電價格每度可能超過新臺幣5元。基於電廠發電穩定而PPA或CPPA長期契約特性，債務人（尤其是台電）具有良好信用支付電費，於電廠設施妥善維護及穩定供電之前提下，電廠售電收入具有可預期性及收益穩定性，因此未來PPA下售電所生之現金流量如達適當規模，可規劃將對台電之債權作為證券化之基礎資產。

　　立委吳欣盈於2023年9月19日曾舉辦之「投資永續台灣──綠色金融新藍圖」公聽會，討論之內容包括：「光電及離岸風電售電收入是否能成為資產證券化標的？」該時金管會於該公聽會之說明資料表示：「依《金融資產證券化條例》第4條第1項第2款規定，該條例所稱資產包含應收帳款債權或其他金錢債權，爰綠能業者與政府或公營事業等機構簽訂售電契約所產生之金錢債權，符合本項定所稱資產範圍，得辦理金融資產證券化。」顯示金管會亦認同售電債權可進行金融資產證券化。

二、綠能電廠適用《金融資產證券化條例》之實務問題

　　我國金融資產證券化商品於2008年金融海嘯前，雖曾興盛且多元，有多家創始機構及受託機構參與證券化商品發行，然於金融海嘯後迄今十餘年來，市場僅餘中租一家以租賃債權作為資產池進行證券化，並無其他類型之金融資產證券化，市場對該金融商品轉趨陌生。金融資產證券化所發行之受益證券，屬固定收益型商品，除參與機構及證券化發行程序須符合法規要求並取得發行核准外，於市場端，須符合市場要求之投報率及信用評等等級，須搭配一定信用增強機制，始可能順利募集發行，整體發行成本非低。倘將綠能電廠售電債權證券化，相對於傳統以金融機構貸款之金融資產證券化，風險評估更加複雜，於套用現行金融資產證券化法制，仍面臨若干法令齟齬及挑戰，分述如下：

(一) 綠能電廠是否得為創始機構？

　　由於綠能電廠並非《金融資產證券化條例》第4條第1項第1款之定義之創始機構，故如需依照《金融資產證券化條例》作為創始機構，依財政

部令[4]，於個案送件取得核准時同時成為核定之創始機構，故是否適宜將由金管會個案審查。

(二) 售電債權適於證券化？

相較於常見作為證券化基礎資產之債權，例如貸款債權、融資租賃債權等，債權人（創始機構金融機構或中租）已完成撥貸，且一次性放貸後即無其他應履行之義務，故於評估資產池價值及風險時，僅需考量債務人的償債能力及擔保品價值，而毋需考量債權人有無其他對待給付義務，債權轉讓較為單純；但售電債權發生則是以發電為前提，為不確定金額的將來債權，售電順暢與否取決於專案公司對發電設備之管理維護及發電穩定性，又該穩定性事涉高度專業性之發電技術，且撇除技術及人為因素外，再生能源發電量易受氣候甚至不可抗力因素影響，例如：颱風災損。售電收入本質上即可能浮動，未來的氣候因素及發電量如何預估？債權轉讓予受託機構後，專案公司之營運中斷風險或維護不良人為因素均需加以考量，故以售電債權為基礎進行證券化商品之包裝，恐需搭配發電設施之擔保或移轉，且評價方式及所需之信用增強設計較為複雜。

(三) 債權轉讓需取得能源署及台電之同意？

依據「受託機構發行受益證券特殊目的公司發行資產基礎證券處理準則」第4條第1項第6款，當創始機構為其他目的事業主管機關主管特許事業者，創始機構應取得目的事業主管機關同意其信託或讓與資產之同意函，並將該同意函交予受託機構或特殊目的公司，以作為發行人向金管會申請核准或申報生效之應備文件。

此外，依台電再生能源發電系統電能購售契約範本（112年躉購費率公告修正版）第15條：「本契約除合於法令規定，並經雙方書面合意外，否則不得轉讓予第三人。」

基於持有第一型再生能源發電設備之發電業係屬能源署管轄之特許事業，發電業者仍須遵守《電業法》下義務及PPA義務之履行，如將售電債權全數轉讓且發電設備全數提供擔保予受託機構，於法無明文下，能源局

---

[4] 財政部92.6.30臺財融㈣字第0928010999號令。

是否會於證券化送件前即予同意並依業者要求提供同意函，不無疑義。於未取得能源局同意前，台電公司亦恐難配合發電業者之單方要求即完成轉讓或將售電之費用直接撥入信託帳戶。

(四) 信用評等之取得？

依財政部函令，金融機構以外之機構擔任創始機構者，以其金融資產為基礎所發行之受益證券或資產基礎證券，應經《金融資產證券化條例》第102條所稱主管機關認可之信用評等機構評定其評等等級[5]。

由於國內未有售電債權證券化之先例，信用評等機構亦未有足夠風險模型以進行綠能電廠證券化之評估，且我國金融資產證券化方式與美國有差距（如後述），如不論公募私募均要求要先取得信評，實務上可預期將面臨我國信評機構難以出具信用評等報告或費用高昂之痛點，而法規之不確定性亦可能導致高額的溝通成本或耗費。

(五) 電廠既有融資貸款之清償？

依據《電業登記規則》之規定，專案公司於籌設電廠過程中，應出具自有資金至少占總投資15%之財力證明文件[6]，實務上專案公司向銀行融資之比例約達總投資金額70%～80%。融資契約可能有約定電廠須將資產提供銀行擔保，或限制售電取得之收入須優先清償銀行融資債務。由於證券化之成本效益未必優於銀行融資。如既有融資債務未全數清償之情形下欲再進行證券化安排，恐需取得融資銀行之同意或洽談配合，勢必增加證券化之困難或複雜。

三、小結

將綠能電廠PPA售電債權辦理證券化，依現行《金融資產證券化條例》及相關法規定，雖無法規禁止，但因該類型商品非屬條例主要規範之類型且尚無前例可循，業者創新規劃初期，恐須面臨同時與金管會、能源局、台電公司之溝通討論，及取得信評機構信評之困難，再加上證券化本

5　同前註。
6　《電業登記規則》第3條第1項第2款第5目。

身是否能取得核准，實務上之審核時間並不確定，均增加辦理金融資產證券化實務上的難度，此有待調整現行法規，優化證券化之發行程序，增加業者辦理證券化之便利與誘因。

參、美國太陽能資產擔保證券之介紹

一、美國太陽能證券化市場之概覽

(一) 美國能源市場概述

相較我國是自2017年修正《電業法》進一步推動綠電自由化及電網公共化，鼓勵再生能源發電業者成立，我國電力市場發電量仍是國營事業台電公司一枝獨秀，且目前電業法仍僅容許台電一家國營企業從事輸配電業。美國電力市場則與我國不同，美國因為1990年代去管制化、市場化浪潮，導致美國內部形成數個以區域型的電力交易市場，呈現高度分散的風貌[7]，在部分電業去管制化（Deregulated）的州，公用電力事業（Utilities）被禁止擁有發電廠和輸電網擁有權，只負責配電、運營以及從電網併聯點到電錶的維護，並向納稅人收費；而在部分電業管制較嚴格的州，其市場仍主要由發電、輸配電及售電垂直整合的公用電力事業為主軸[8]。因此在美國的電力市場實際上存在許多大型民營發電業者瓜分市場，包括星座能源（Constellation Energy Corporation）、NRG能源（NRG Energy, Inc.）、新紀元能源（NextEra Energy）、Vistra Corp.及太平洋煤電（PG&E）等。

7　司徒嘉恒，「市場機制真能擺脫電力獨占？英美電業自由化的教訓（之三）：美國的教訓」，Medium，https://cseetoo.medium.com/%E5%B8%82%E5%A0%B4%E6%A9%9F%E5%88%B6%E7%9C%9F%E8%83%BD%E6%93%BA%E8%84%AB%E9%9B%BB%E5%8A%9B%E7%8D%A8%E5%8D%A0-%E8%8B%B1%E7%BE%8E%E9%9B%BB%E6%A5%AD%E8%87%AA%E7%94%B1%E5%8C%96%E7%9A%84%E6%95%99%E8%A8%93-%E4%B9%8B%E4%B8%89-%E7%BE%8E%E5%9C%8B%E7%9A%84%E6%95%99%E8%A8%93-b58e1dc32d98（最後瀏覽日：2024/8/4）。

8　EPA, *Understanding Electricity Market Frameworks & Policies*, https://www.epa.gov/greenpower/understanding-electricity-market-frameworks-policies#:~:text=Electric%20utilities%20in%20the%20United%20States%20operate%20under,customers.%20This%20trend%20is%20called%20deregulation%20or%20restructuring (last visited: 2024/8/4).

（二） 美國太陽能資產擔保證券（Solar ABS）市場發展介紹

　　美國Solar ABS濫觴於2013年SolarCity發行第一檔Solar ABS（SOC-TY 2013-1），流變至今若以資產池之基礎資產進行分類，市場上主要可分為「以貸款為基礎」與「以租賃契約和購售電合約（Power Purchase Agreement, PPA）為基礎」兩類Solar ABS商品。而若以這兩種Solar ABS的逐年檔數變化觀察市場偏好，早期推出的Solar ABS其基礎資產多以租賃契約和PPA為主，直至2016年SolarCity推出第一檔以太陽能發電系統貸款為基礎資產之Solar ABS（SOCTY 2016-A），貸款為基礎資產之Solar ABS才漸趨成為今日主流。

　　「以貸款為基礎」Solar ABS之貸款來源，多半源自太陽能開發商協助用戶購買及安裝旗下的太陽能發電系統，因此開發商與用戶簽訂貸款契約，融資用戶以降低前期建置成本負擔。

　　「以租賃契約和PPA為基礎」Solar ABS中的租約為用戶向太陽能開發商承租太陽能發電系統，每月支付租金以享受較低廉之電費；惟美國PPA之概念與我國較為不同。

　　相比於我國PPA係指再生能源發電業賣電給台電或購電企業，美國PPA內涵則是用戶同意太陽能開發商於用戶所有或租用之不動產上（例如屋頂）裝設分散式太陽能發電系統，該太陽能系統之所有權仍歸屬於開發商，用戶能享受該太陽能發電系統所產生的電能以及較便宜之電費，通常該PPA會約定6至20年不等之契約期間，在此期間用戶須全盤收購該太陽能系統所產生的電量，為避免發電量超出用戶的需電量，通常用戶也會和其他電力公用事業（Utility）簽訂餘電購售契約，以避免浪費及增加用戶收入[9]。PPA的計費方式通常是固定的，但也可能依據太陽能系統預估的老化情形，約定依產能降低情形調升費率1%至5%[10]；而就退場機制而言，用戶得選擇續約、向開發商購買該太陽能系統、或單純終止契約請開發商移除太陽能系統[11]。

---

[9] United States Environmental Protection Agency [hereinafter "EPA"], *Solar Power Purchase Agreements*, https://www.epa.gov/green-power-markets/solar-power-purchase-agreements (last visited: 2024/8/4).

[10] EPA's Green Power Partnership, "Case Study: City of Pendleton," Oregon, March 2016, https://www.epa.gov/sites/default/files/2016-03/documents/pendleton_oregon.pdf (last visited: 2024/8/4).

[11] *Id.*

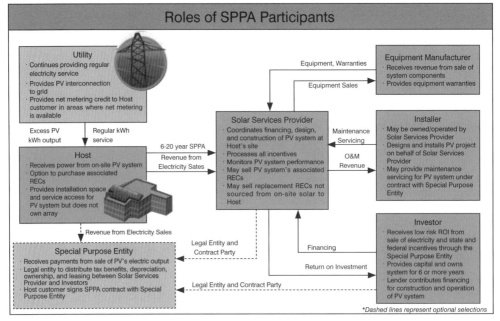

圖1　美國太陽能SPPA交易架構

資料來源：EPA, *Solar Power Purchase Agreements.*

　　截至2022年1月之統計，目前美國所發行的Solar ABS共計55檔[12]，發行金額總計超過130億美金[13]；如從Solar ABS發起人觀察，前五大發起人（GoodLeap, Mosaic, Sunrun/Vivint, Sunnova & SolarCity/Tesla）皆為太陽能發電系統之開發商[14]；另從基礎資產類型，近6成的Solar ABS係以貸款為基礎資產，約4成Solar ABS則是以租賃契約和PPA為基礎資產[15]。美國市場上主要針對Solar ABS進行信用評等之機構包含Kroll Bond Rating Agency（KBRA）、標準普爾（S&P Global Ratings）、惠譽國際（Fitch Ratings）和穆迪評級（Moody's），其中又以前兩者參與最為深入[16]。

---

[12] Crédit Agricole, *U.S. Residential Solar ABS 101*, Project Bond Focus, January 2022, at 9-10, https://www.ca-cib.com/sites/default/files/2022-03/Project-Bond-Focus-Solar-ABS-2022.pdf (last visited: 2024/8/4).

[13] *Id*, at 1.

[14] *Id*, at 3.

[15] *Id*, at 3.

[16] *Id*, at 7, 9 & 10.

此外，若論ABS之發行程序，除了透過私募所適用的144A規則豁免1933年證券法中註冊及申報等要求使發行人能降低法遵成本，並加快其發行程序，促使發行人有誘因採取私募管道外，美國市場本即存在適於作為私募對象之大型機構投資人，又雖然私募ABS的流通性較低，但同時也相較類似條件的公開發行ABS具備更高的利率[17]，因此對於具備更高投資專業、更大風險承受能力的機構投資人來說有相當吸引力，而亦有誘因參與投資，故ABS整體市場主要是以私募型ABS為多數[18]。

二、案例一：Sunnova Helios Series 2023-B（以貸款為基礎）

(一) 商業模式

Sunnova Energy Corporation（下稱「創始機構」）合作的各經銷商在提供貸款（大多為25年期）給各家戶以安裝創始機構之太陽能系統後，創始機構會向經銷商購買這些貸款債權，而當家戶的太陽能系統開始能運轉後，這些貸款即成為合適的證券化基礎資產[19]。

創始機構會僱用市場標準承作人（market-standard underwriting），透過許多標準（例如FICO, TEC scores）篩選高度信用的潛在貸款對象。換言之，家戶欲和經銷商簽訂貸款契約，必須提供信用資料供創始機構的客戶營運部門核驗，最後由創始機構決定簽約、有條件簽約或拒絕簽約[20]。

為進行證券化，發起人會將該些貸款移轉給中間特殊目的主體（Depositor），中間特殊目的主體再移轉給Sunnova Helios XII Issuer, LLC（下稱「發行機構」），發行機構將和Wilmington Trust簽訂Indenture契約，由Wilmington Trust成為Indenture Trustee，發行機構並將資產池及相關權利（如太陽能系統的所有權）信託給Indenture Trustee，以保護

---

[17] *Id*, at 10.

[18] U.S. Securities and Exchange Commission [SEC] (27 August 2014), *Correcting Some of the Flaws in the ABS Market*, https://www.sec.gov/news/statement/2014-08-27-open-meeting-statement-abs-laa (last visited: 2024/8/4).

[19] FitchRatings, *Sunnova Helios XII Issuer, LLC presale report*, Structured Finance Solar U.S.A., August 2023, at17, https://your.fitch.group/rs/fitchgroup/images/Sunnova_Helios_XII_Issuer_LLC_presale_Fitch_10243562.pdf (last visited: 2024/8/4).

[20] *Id.* at 17-18.

ABS投資人；發行機構與US. Bank National Association簽訂託管契約，由U.S. Bank National Association成為保管人（Custodian），由保管人負責保管發行機構的重要文件[21]；發行機構與創始機構簽訂服務契約，由創始機構同時擔任服務機構，負責處理上游家戶的貸款收款、維修等事項[22]，並和Wilmington Trust再簽訂備用服務契約，約定由Wilmington Trust成為備用服務機構。

Structure Diagram

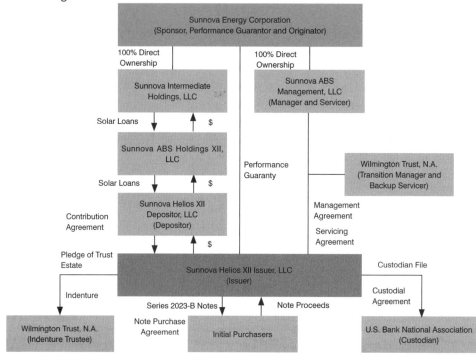

圖2 Sunnova Helios Series 2023-B證券化架構

資料來源：Fitch Ratings, *Sunnova Helios XII Issuer*, LLC presale report, at 17.

---

[21] SUNNOVA HELIOS XII ISSUER, LLC and WILMINGTON TRUST, NATIONAL ASSOCIATION INDENTURE TRUSTEE INDENTURE [hereinafter "Indenture Agreement"], Dated as of August 30, 2023, standard definition, at 6-7.

[22] *Supra* note 19, at 19.

(二) 證券化商品

　　發行人共發行A note、B note和C note三種ABS，個別發行總額上限依序為148,500,000美元、71,100,000美元和23,100,000美元[23]。A note、B note和C note為私募型ABS[24]，三種ABS的利率介於5.3%至5.6%[25]，每360天配息一次[26]。

(三) 資產池內容

　　該資產池係由資助消費者購買和安裝太陽能發電系統的貸款組成，還款期限包含10、15和25年期，資產池中的貸款債權總計有6,945個，貸款金額介於4,000至220,000美金之間，平均貸款金額為51,846元，貸款之加權平均利率為2.43%[27]。

　　創始機構除讓與購買太陽能系統之貸款債權給發行機構外，從本檔Solar ABS的Indenture的Granting Clause[28]觀之，創始機構也會讓與下列資產予發行機構：

1. 與太陽能貸款相關之文件以及作為擔保太陽能貸款還款之抵押品，例如太陽能發電系統或儲能系統之所有權。
2. 貸款契約及其相關權利。
3. 發行機構關於電子金庫（electronic vault）的權利。
4. 貸款收款帳戶內之款項。
5. 發行機構所有其他的資產。

三、案例二：Sunnova Helios Series 2023-B（以租賃契約及PPA為基礎）

(一) 商業模式

　　商業模式上其實與前述Sunnova案例雷同，SolarCity會先設立特殊目的公司SolarCity LMC Series V, LLC（下稱發行人），SolarCity同時作

---

[23] *Supra* note 21, A1-5.
[24] *Supra* note 21, A1-1, A2-1 & A3-1.
[25] *Supra* note 21, A1-5.
[26] *Supra* note 21, A1-5, A2-5 & A3-5.
[27] *Supra* note 19, at 4.
[28] *Supra* note 21, at 1.

為發起人，將SolarCity與GS Direct（太陽能系統之承租人及購電人）間的PPA及租賃合約讓與發行人；發行人和U.S. Bank, N.A.簽訂Indenture及託管契約，由U.S. Bank, N.A.擔任Indenture Trustee及保管人；發行人亦與高盛簽署保證契約，由高盛作為保證人提供信用增強；發行人與發起人兼簽署管理契約，使發起人擔任服務機構的角色，持續提供太陽能系統的維運及修繕[29]。

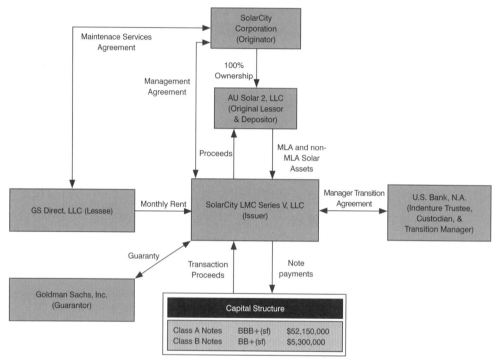

圖3　SolarCity LMC Series V, LLC, Series 2016-1交易架構

資料來源：Kroll Bond Rating Agency，節錄自櫃買中心，有關太陽能資產擔保證券之市場發展概況與案例簡介。

---

[29] 證券櫃檯買賣中心，「有關太陽能資產擔保證券之市場發展概況與案例簡介」，2021年12月，頁4，https://www.bing.com/ck/a?!&&p=436a05532dc7ef19JmltdHM9MTcyMTE3NDQwMCZpZ3VpZD0zM2Y0YzAyMC1mMDFiLTZmODEtMjBjMS1kNDgzZjFlZTZlNzkmaW5zaWQ9NTE5OQ&ptn=3&ver=2&hsh=3&fclid=33f4c020-f01b-6f81-20c1-d483f1ee6e79&psq=%e6%ab%83%e8%b2%b7%e4%b8%ad%e5%bf%83+Solar+ABS&u=a1aHR0cHM6Ly93d3cudHBleC5vcmmcudHcvc3RvcmFnZS9jb25kLzIwMjEvMTIvMTYzOTYxNDg0Nl85MzEyX2NoX25ld3MucGRm&ntb=1（最後瀏覽日：2024/8/4）。

(二) 證券化商品

本個案之發行總金額爲57.45百萬美元，並分爲A Note及B Note，其中A Note發行總金額爲52.15百萬美金，B Note則爲5.3百萬美金[30]。又本個案的A、B Note皆已於2021年10月18日清償完成[31]。

(三) 資產池內容

除了發行時現值爲76.4百萬美元之太陽能資產（收益率約6.25%之太陽能光伏發電租賃及購售電合約）[32]外，本個案亦以太陽能光伏系統的所有權利和利益、各交易帳戶中的存款、某些涵蓋太陽能資產的保險單中的權利、以及與此類資產所有權相關的現金流作爲擔保[33]。

四、配套措施：稅務抵免與稅惠投資

(一) 稅務抵免（Tax Credit）

美國針對太陽光電等再生能源之稅務抵免措施主要包含生產稅務抵免（Production Tax Credit, PTC）與投資稅務抵免（Investment Tax Credit, ITC）。

針對再生能源的PTC最早可回溯自《1992年能源政策法》，PTC係根據合格發電設施從認定開工日起算10年內之電力生產計算，按現行法得享受每度0.3分（cents）的稅務減免[34]，換言之，發電量愈多稅務減免額也愈高。

而針對再生能源的ITC則首見於《2005年能源政策法》，ITC是依據其投資再生能源項目之投資額，依其項目類型，給予不同的稅務抵免額

---

[30] Andrew C. Coronios & Christy Rivera, "Chadbourne Represents SolarCity in Sixth Securitization," Norton Rose Fulbright, March 2, 2016, https://www.nortonrosefulbright.com/en-us/news/2548027b/chadbourne-represents-solarcity-in-sixth-securitization (last visited: 2024/8/4).

[31] Usman Khan & Ali Pasha, "KBRA Withdraws Ratings Upon Full Repayment on Class A and B Notes of SolarCity LMC Series V LLC, Series 2016-1", KBRA, October 18, 2021, https://www.kbra.com/publications/PyPqxyFT/kbra-withdraws-ratings-upon-full-repayment-on-class-a-and-b-notes-of-solarcity-lmc-series-v-llc-series-2016-1?format=file (last visited: 2024/8/4).

[32] 同註29，頁4。

[33] Alexander Dennis, "Presale: SolarCity LMC Series V LLC (Series 2016-1)," S&P, https://disclosure.spglobal.com/ratings/en/regulatory/delegate/getPDF?articleId=1575631&type=FULL&subType=PRESALE&defaultFormat=HTML (last visited: 2024/8/4).

[34] 26 U.S. Code § 45(a).

度。例如美國法典第26編第25D條住家乾淨能源（Residential Clean Energy Credit[35]）中明文住家型再生能源設施的類型及其稅務抵免比例；美國法典第26編第48條則是在明文一般合格再生能源設施類型、各自ITC額度以及衰減期限（Phaseout）。

實際上，這些稅務抵免都設有適用期限或是落日條款，不過美國政府通常會待稅務抵免快到期時，透過該年的《綜合撥款法案》（Consolidated Appropriations Act）調整並延長這些稅務抵免。例如2022年8月拜登簽署《降低通膨法案》（Inflation Reduction Act, IRA）後，即在2016年綜合撥款法案之基礎上，再度延長並提高了再生能源ITC比例[36]，例如太陽能光電系統之ITC不僅從26%提高至30%，IRA並將落日期限延長至2034年1月1日才逐漸衰減[37]。

(二) 稅惠投資（Tax Equity）

由上述可知，ITC的額度係投資金額乘以一定比例，若原納稅金額愈高，則較有機會完整享受ITC之抵免；然而，許多為他人安裝或融資太陽能系統的開發商沒有足夠納稅義務，因此，太陽能系統開發商會尋找稅惠投資人並與之合作，透過稅惠投資架構的安排，使稅惠投資人能充分享受稅務抵免進而節稅，對開發商而言也可以減輕前期投入資本之負擔。依據2020年的資料，美國最大的兩位稅惠投資人分別為JPMorgan和Bank of America，分別投入了約170億和180億美金[38]。

五、小結

美國Solar ABS之所以能蓬勃發展，除了美國本身具有規模及效率的私募資本市場，可供商品快速發行外，主要取決於幾個關鍵：
(一) 首先是「市場結構」，電力市場結構存在大型民營發電業者，而非由

---

[35] 26 U.S. Code § 25D.

[36] Convergent Energy + Power, "IRA sets the stage for US energy storage to thrive," UtilityDive, November 7, 2022, https://www.utilitydive.com/spons/ira-sets-the-stage-for-us-energy-storage-to-thrive/635665/ (last visited: 2024/8/4).

[37] 136 STAT. 1818, sec. 13102(d)(2).

[38] Keith Martin, "Solar tax equity structure," Norton Rose Fulbright, December 14, 2021, https://www.projectfinance.law/publications/2021/december/solar-tax-equity-structures/ (last visited: 2024/8/4).

少數公用電力事業主導，而存在大型民營業者意味著依其發電規模，將更有能力及效益將分散於不同住戶之售電債權或資產進行證券化。

(二) 再者是「信評制度的成熟」，自2013年首檔Solar ABS問世，美國信評機構已應對Solar ABS之信用評等逾十年時間，又由於從事Solar ABS信用評等之信評機構高度集中，其風險評估之方法論及模型成熟度應具相當說服力，故對於後起欲行證券化之發行機構而言提供了自我審視的準繩，也對廣大投資人或機構投資人提供投資選擇的參考。

(三) 此外，「稅務優惠」不僅獎勵開發商投入再生能源發展，更在綠能電廠建置前期因為稅惠投資媒合了開發商與大型機構投資人，減輕開發商建置成本的負擔，而此些成本的降低，可能使發行機構將來更有能力提供更具吸引力的Solar ABS利率。

肆、綠能電廠證券化之展望

美國Residential Solar ABS蓬勃發展之因素，包括電力市場之分散及資本市場之規模與效率，且有稅務優惠作為配套措施。美國能源開發商（或透過經銷商）與為數眾多之住宅用戶簽訂契約，所取得之債權資產，債務人多且分散，此與我國電廠是對台電公司之單一PPA或僅數個CPPA有所不同。而美國Solar ABS之主流為以貸款契約包裝的ABS，此並非我國開發商之營運模式；另一模式是以租賃契約及PPA包裝之ABS，則是將電廠所有資產及合約收益一併綑綁進行轉讓。基於美國與我國電業環境及法規背景之差異性，美國模式於我國難以直接套用，我國倘要依據金融資產證券化條例，將綠能電廠PPA的售電債權規劃辦理證券化，在商業模式上勢將面臨不同之挑戰，必須在資產移轉之適法性、資產池之擔保性、安全性、收益性，於財務面及法律面妥為規劃。

美國經驗可借鏡之處，在於藉由稅捐優惠措施提升Solar ABS之收益率，包括採稅務抵免措施及稅惠投資人參與，同理，我國亦應思考如何藉由鼓勵措施增加投資人投資誘因，擴大投資人參與。此外，我國如何提高證券化發行的效率及降低新商品發行時之摩擦成本，便利業者快速發行，至關重要。經盤點實務問題後，我國當可藉由調整或鬆綁法規，簡化證券

化發行文件，避免法規之不確定或程序繁冗而降低業者發行意願，實為當務之急。

　　綜上，為發展綠色金融，建議我國《金融資產證券化條例》相關規範可進一步調整，給業者及商品發行更大的彈性空間及明確性，例如：直接明文再生能源發電業可作為《金融資產證券化條例》「創始機構」，將售電債權及發電設施明列為條例所定義之「資產」之一；另考量實務需求，則建議修改相關法規，使再生能源發電業者送件前無須先取得能源主管機關之同意函，改採單一窗口辦理；對於私募型態之證券化案，則比照創始機構為金融機構者，無需強制要求取得信評報告；投資綠能證券化商品則可研究稅捐優惠措施，以促進綠能證券化市場的蓬勃發展，帶動能源轉型。

從日本基礎設施基金看我國基金型REITs的機會與挑戰

谷湘儀、賴冠妤

壹、前言

　　為活絡我國不動產證券化市場，並健全國內資產管理業務發展，行政院於2023年10月12日通過金融監督管理委員會擬具的《證券投資信託及顧問法》部分條文修正草案，並將法案名稱修正為《證券與不動產投資信託及證券投資顧問法》[1]。而修法新增「不動產投資信託事業」得募集或私募不動產投資信託基金（下稱「基金型REITs」），與現行依不動產證券化條例由受託機構（即信託業）發行的不動產投資信託基金制度併行，將採雙軌制方式。就修正草案，立法院亦於2024年5月份初審通過，預期基金型REITs規範將於未來1至2年內正式上路。

　　近年來，由於全球積極推動ESG永續發展，綠能電廠相關基礎設施基金在我國的未來發展機會也逐漸受到關注。我國政府近來大力推廣民間設置再生能源發電設備，並鼓勵金融業協助太陽能光電與離岸風電的綠能業者取得營運所需的資金，以支持政府的綠能政策。而自政府鼓勵再生能源並推出相關制度以來，歷經十餘年的發展，我國綠能電廠的投資、建設及營運模式已趨成熟。現今，綠能電廠的業者及投資者普遍希望能有多樣化的投資出場方式，以便獲取資金再投入新電廠的建設與投資。基礎設施基金的成立，不僅能為業者提供新的資金來源，還能讓一般民眾參與綠能電廠的投資，引導民間資金投入基礎建設，多元化我國基金商品，進而促進綠能轉型，帶動永續發展。

　　我國現行之《不動產證券化條例》，受限於不動產之定義，尚無法直

接投資太陽能電廠，目前亦因公共建設作爲投資標的之限制過於嚴格，至今臺灣並未有任何基礎設施基金之案例。而恰逢目前正在討論基金型REITs之立法，新制上路是否有基礎設施基金之發展空間則值得關注。

　　而鄰近的日本於基礎設施基金方面的發展可以追溯到2014年，當時日本政府修改法令新增基礎設施基金[2]，這一舉措旨在通過吸引民間資本來促進基礎設施的建設和更新，同時爲投資者提供新的投資選擇。我國的證券投資信託及顧問法及不動產證券化條例於立法之初均有參考日本制度與經驗，本文將介紹日本基礎設施基金之發展與案例，並探討我國在未來發展基金型REITs，是否有得以參採或借鑑之處，並探討基金型REITs在發展基礎設施基金之挑戰與機會。

貳、日本基礎設施基金之市場概況

　　日本於2014年修改法令，使「將再生能源轉化爲電能之設備及其輔助設備（下稱「再生能源發電設備」）」明文確認其爲《投資信託暨投資法人法》（投資信託及び投資法人に関する法律，下稱「投資法人法」）第2條第1項之特定資產[3]，換言之，再生能源發電設備得作爲投資法人之投資標的，開啓了「基礎設施基金」（インフラファンド）之新紀元。

　　日本現行的基礎設施基金體系涵蓋了廣泛的投資標的，包括但不限於道路、防洪設施、港口、鐵路、公園、供水與廢水處理設施、通訊設施和能源供應設施等[4]。然而，在眾多投資標的中，再生能源發電設備無疑成爲了最受市場關注和青睞的領域之一。這種傾向與日本政府積極推動的能源政策密切相關。

　　現行存續之上市基礎設施基金均係投資於再生能源發電設備，投資標的集中於再生能源發電設備，與日本政府依據《促進再生能源電力使用特別措施法》（再生可能エネルギー電気の利用の促進に関する特別措置法，下稱「FIT法」）所實施之固定價格購買制（固定価格買取制度，下

2　金融監督管理委員會證券期貨局，「參訪日本REIT法制及實務運作」出國報告，2019年11月12日。
3　投資信託暨投資法人法施行令（投資信託及び投資法人に関する法律施行令）第3條第1項明確納入再生能源發電設備。
4　三井住友トラスト不動產，不動產用語集，https://smtrc.jp/useful/glossary/detail/n/3401。

稱「FIT制度」）[5]有密切相關，在此制度下，再生能源發電設施所生產的電力可以在長達20年的期間內以固定價格出售給電力公司。這種機制為基礎設施基金提供了穩定的長期收益來源。

　　而基礎設施基金的形式主要分為公募和私募兩種，其中私基礎設施募基金占據主導地位。近年來，私募基礎設施基金的數量呈現持續增長的趨勢。據統計，截至2022年，日本私募基礎設施基金的數量已達到約53檔[6]，顯示出市場對此類投資商品的濃厚興趣。

　　相較於私募基礎設施基金的蓬勃發展，上市基礎設施基金的發展則相對緩慢。自2015年東京證券交易所開放基礎設施基金上市以來，上市基金的數量曾在2020年達到高峰，共有7檔基金成功上市。值得注意的是，這些上市基金的投資標的幾乎全部集中在再生能源發電設備領域，反映出市場對再生能源投資的高度關注。上市基礎基金常見之模式為先以私募形式設立投資法人，再轉為公募型態，其中目前尚存之5檔上市基礎設施基金中已有4檔基金均是採取私募轉公募模式設立運作。

　　觀察目前已上市的5檔基礎設施基金之公開資訊，與日本J-REITs實務發展是採投資法人型態，且有大型地產集團參與及主導之運作方式相類似，這些基礎設施基金具有以下共通特點：基金架構均採用投資法人形式，而非投資信託形式，並且均由再生能源相關集團作為投資法人的創始及核心支持體系。這些特點顯示出再生能源集團在推動基礎設施基金發展中的重要角色。而這些基礎設施基金的主要營運模式如下：再生能源相關集團首先創立投資法人及管理基金之資產運用公司，利用集團的資源，投資法人向發電業者購買再生能源發電設備或發電設備之受益權。這些投資法人之後將所收購之發電設備出租予特定的SPC公司（若以受益權方式取

5　FIT法與FIT制度：為促進再生能源之使用與普及，日本於2012年頒布FIT法並根據該法規實施FIT制度，FIT制度是政府承諾電力公司有義務在20年間內以固定價格購買再生能源發電之制度，其中適用此制度之再生能源為符合法規之太陽光電、風力發電、水力發電、地熱能以及生質能等五種再生能源。電力之購買價格由經濟產業省公布。參考網站：経済産業省資源エネルギー庁，https://www.enecho.meti.go.jp/category/saving_and_new/saiene/kaitori/surcharge.html。

6　アンクパートナーズ合同会社，「ESG投資/上場・私募インフラファンド市場の動向調査」內容見本，https://www.ankhpartners.com/wp-content/uploads/2022/05/2022%E3%82%A4%E3%83%B3%E3%83%95%E3%83%A9%E3%83%95%E3%82%A1%E3%83%B3%E3%83%89%E3%83%AC%E3%83%9D%E3%83%BC%E3%83%88%E5%86%85%E5%AE%B9%E8%A6%8B%E6%9C%AC.pdf。

得者，則由信託業者出租）。SPC公司再委託再生能源相關集團的關係企業進行設備的維護及營運，並依據預估的發電量計算保障底租，以及根據實際發電量計算變動租金。

這種營運架構的設計可以使多方受益，對於再生能源開發商而言，通過將已運營的電廠設備出售給基金，再回租進行營運，增加資產之流通性，可以快速回收資金用於開發新項目，加速產業發展。對於基金投資者來說，再生能源相關集團通常為信譽卓著之大型企業，具有良好營運實力，這種以發電量為預估之售後回租且保障底租的模式提供了相對穩定的收益流，且因基金投資標的眾多，亦可以有效分散投資人投資電廠之風險。

而FIT制度的實施對基礎設施基金的發展起到了關鍵作用。首先，其大幅降低了再生能源項目的投資風險。固定的電價保證消除了市場價格波動帶來的不確定性，使得再生能源項目的現金流更加可預測，確保能穩定的分配收益予投資人。其次，20年的長期保證期與基礎設施投資的長期性質相匹配，有利於基金進行長期規劃和資產管理。

然而，儘管FIT制度為基礎設施基金的發展提供了有利條件，但對這樣制度的依賴也帶來了潛在風險。隨著再生能源技術的進步和成本的下降，日本政府已逐步降低FIT補貼水平，並於2022年4月開始推行較符合市場機制之FIP制度（根據市場價格異動溢價補貼）。一旦FIT制度之採購期滿，再生能源發電設備將不再適用FIT制度，電力公司將無義務以固定價格購買再生能源發電設備生產之電力。再生能源發電設備如欲繼續發電，需與電力公司協商售電之價格和條件，或於日本電力交易市場售電，其收益相較FIT制度下增加了許多不確定性，預期可能對基礎設施基金及其投資者產生負面影響。

參、日本基礎設施基金之法規簡介

日本基礎設施基金所依據的法律，與其他J-REITs依據的法律相同，均為《投資法人法》，此外，日本之《投資法人法》在架構上包括可採用「投資信託」及「投資法人」二種不同模式，概念類似基金架構可採

契約型或公司型不同方式，而契約型則類似於我國的基金REITs制度。而日本對於集合投資是採取整合立法，《投資法人法》之規範範圍可涵括J-REITs、證券投資基金及基礎設施基金等不同基金商品，亦即基金管理之業務性質受相同規範，而基金類型之分別，係因投資之核心資產不同，並未同我國是分散由不同的法律進行規管。

　目前日本基礎設施基金都是採取投資法人之方式，由投資法人作為基金主體發行證券及持有基金資產，委由合格之資產運用公司運用，而日本投資法人法並未就電廠投資有明文的列舉規定或另行規範投資限制，而是另於子法《投資信託暨投資法人法施行令》（投資信託及び投資法人に関する法律施行令）增加再生能源發電設備為投資標的，並未涉及投資法人法母法之修法變更。

　基礎設施基金之管理係由資產運用公司負責進行，根據《投資法人法》之規定，投資法人須向主管機關註冊後方得就特定資產進行有價證券或不動產之買賣[7]，而已註冊之投資法人，應將其資產運用之相關業務委託予資產運用公司[8]。資產運用公司必須為金融商品交易業者，並取得房地產交易業法（宅地建物取引業法）規定之豁免或認可[9]。

　根據《投資法人法》之規定，已註冊之投資法人，其應將其「資產保管」之相關業務委託給資產保管公司[10]。所謂「資產保管」業務，係指負責保管受益權證、信託契約等證明投資法人持有權益之書面文件，以及代辦存取款手續，由投資法人帳戶匯出各種費用、稅金等業務[11]。資產保管公司應為信託公司、金融商品交易法規定之金融商品交易業者（金融商品取引業者）或其他經主管機關公告適格之法人[12]，實務上均由信託公司所擔任。

　依各基礎設施基金之投資策略，設立基金之再生能源集團或其合作夥伴可能安排關係企業擔任輔助性角色，提供相關服務，其中包括所謂「贊

7　《投資信託暨投資法人法》（投資信託及び投資法人に関する法律）第187條、第193條。
8　《投資信託暨投資法人法》（投資信託及び投資法人に関する法律）第198條。
9　《投資信託暨投資法人法》（投資信託及び投資法人に関する法律）第199條。
10　《投資信託暨投資法人法》（投資信託及び投資法人に関する法律）第208條第1項。
11　三菱UFJ信託銀行，「J-REIT（不動産投資信託）の一般事務・資産保管業務のご案内」，https://www.tr.mufg.jp/houjin/fudousan/j-reit_annai.html。
12　《投資信託暨投資法人法》（投資信託及び投資法人に関する法律）第208條第2項。

助商」。贊助商職責涵蓋對政府／政府機構基礎設施項目投標、提供資金與人員、支持所投資資產之建設和營運等。贊助商需具備相當程度之專業知識和經驗，深度參與基礎設施基金之投資內容、資產管理和營運等各面向活動。基礎設施基金高度依賴贊助商之能力與資源時，對贊助商之經營管理能力和業務評價亦將反映於基礎設施基金之信用評等過程。

肆、日本基礎設施基金之案例：Canadian Solar Infrastructure Fund, Inc. (CSIF)

　　全球知名的太陽能解決方案提供商Canadian Solar Inc.（下稱「CSI」）看準了日本市場的巨大潛力，開始在日本大規模開發太陽能項目。隨著項目數量的增加，CSI積極找尋其他方式以管理及變現投資項目，同時爲投資者提供參與日本太陽能市場的機會，因此規劃成立了CSIF，由Canadian Solar Projects K.K（下稱「CSP」）擔任贊助商，於2017年5月18日先以私募成立CSIF，並於2017年10月30日於東京證券交易所上市。

　　而CSIF採用了日本基礎設施基金常見的投資法人結構。由CSP之全資子公司Canadian Solar Asset Management K.K.擔任資產運用公司，負責CSIF的日常運營和投資決策。Sumitomo Mitsui Trust Bank, Limited則作爲資產保管公司，負責保管基金資產。

　　CSIF於成立後除了透過追加募集及私募增加基金規模購入電廠外，也持續透過向不同銀行融資方式的購入電廠，截至2024年2月15日爲止，CSIF共持有31個電廠，資產總金額超過970億日幣，電廠座落於日本各地，但有62.9%之資產座落於九州[13]。投資法人與資產運用公司簽訂資產管理契約，贊助商與資產運用公司會另行與投資法人簽訂贊助商支援契約，確保資產運用公司之義務履行。另有不同的SPC作爲電廠設備之承租人，承租或營運CSIF所持有的電廠設備，並由贊助商與SPC簽訂資產管理服務契約。

---

[13] Canadian Solar, Portfolio Data, https://www.canadiansolarinfra.com/en/portfolio/data.html.

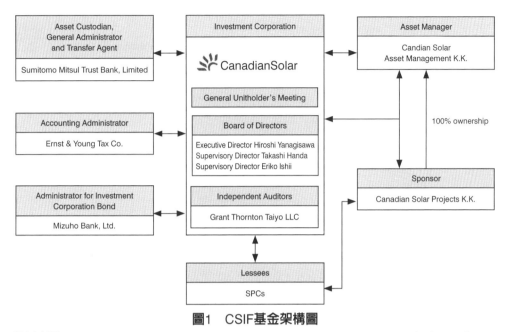

圖1　CSIF基金架構圖

資料來源：Canadian Solar, Structure, https://www.canadiansolarinfra.com/en/about/structure.html.

　　依據CSIF所揭露的決策流程，超過50億日圓或關係人交易，則需先由收購部門草擬資產收計畫，經過法遵長的同意並送交法遵委員會進行討論及決議，法遵委員會通過後，由投資管理委員會進行討論及決議，如果非關係人交易，則由資產運用公司的董事會進行決議，最後由投資法人的董事會進行決議，由投資法人同意收購計畫。如果是關係人交易，一般而言係資產運用公司之關係企業，因此決議流程將改由投資法人的董事會進行決議，由投資法人同意收購計畫，再至資產運用公司之董事會報告。

　　由上開案例可知，日本基礎投資基金之運作模式較我國REITs運作模式為彈性，針對關係人交易或重大資產交易之決策流程，亦多半仰賴投資法人及資產運用公司的內部制度進行決策，鮮少需要透過投資法人之股東會進行決策的情況，如此增加了基金購入資產之決策速度，投資法人也能透過不同的募資方式擴大基金規模，持續地購入資產。

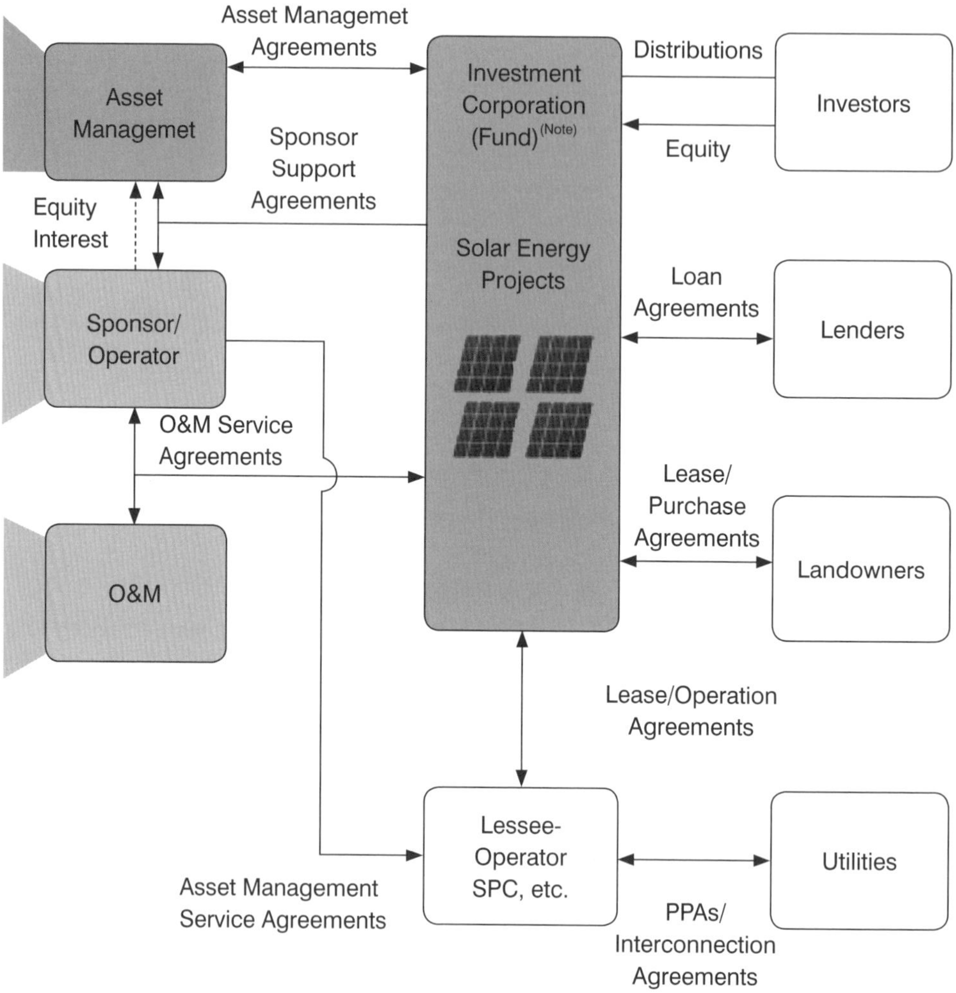

圖2　CSIF架構圖

資料來源：2023年12月CSIF第13期財務期間報告，https://www.canadiansolarinfra.com/file/en-ir_library_term-6bd5c0d0889d355591edf8e1c7bf1049b4576c80.pdf。

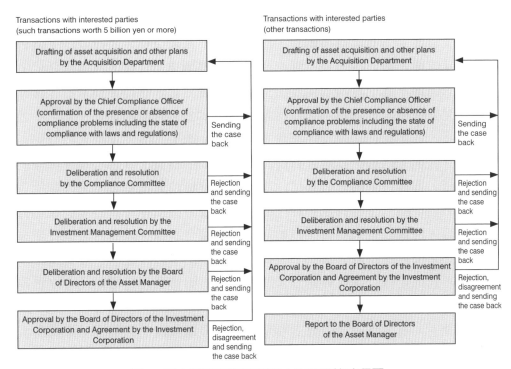

圖3　重大資產收購及關係人交易決策流程圖

資料來源：Canadian Solar，Governance Structureガバナンス体制，https://www.canadian-solarinfra.com/ja/feature/governance.html。

伍、我國基金型REITs的機會與挑戰

　　我國基金型REITs的修法脈絡及定義方式，主要方向仍係基於現行《不動產證券化條例》之脈絡，針對投資標的之規範並未有所區別。而立法院在審議基金型REITs的法規過程中，金管會官員則採開放態度向立法院表示，只要具有「穩定收益」的不動產，都可以是基金型REITs的投資標的，包括數據中心、醫療保健大樓、公共建設、長照、風力發電、太陽能電廠等[14]。

　　但我國與日本之再生能源發展制度有所不同之處在於租稅優惠制度及

---

[14] 魏喬怡、戴瑞瑤，「修正案初審通關　基金型REITs有望問世」，中時新聞網，2024年5月16日，https://www.chinatimes.com/newspapers/20240516000228-260202?chdtv。

資產取得方式。JREITs為避免不動產登記所衍生之程序及稅賦，得以取得信託受益權之方式取得不動產，出賣人將不動產信託，由投資法人取得不動產受益權，而日後出售不動產時，則僅需轉讓受益權，透過信託受益權之靈活運用，此一資產取得及出售模式亦用於日本基礎設施基金，雖非透過專案公司持有基金資產，亦得達到與專案公司類似的效果。

然而，按現行修法草案，基金型REITs並無法人格，資產之持有仍係透過保管機構，再者，我國因對信託業規範的門檻高，實務上並無專營的信託公司，均為金融機構兼營信託業，由其直接持有電廠資產，因與投資不動產出租不同，恐有負電業責任之疑慮，金融機構亦會擔心違反產金分離之規範，法規亦尚未明確規範如何表彰電廠資產係信託持有，至今尚未有電廠資產係信託持有的案例。因此於我國規劃基礎設施基金投資電廠，可行之方式應是採行持有專案公司股權方式，始符合現行電廠投資之實務運作方式。

再者，太陽能電廠之組成主要是太陽能發電設備，在基金並未持有太陽能發電設備所在地之不動產時，「基礎設施」將不符合現行規定「不動產」的定義，如果仍依照《不動產證券化條例》的定義方式，基金型REITs恐亦無法直接投資太陽能電廠。如有意於我國發展基礎設施基金，首先應於法規保留擴充基金類型的彈性，不再侷限於證券投資信託基金或不動產投資信託基金，建議得參照當初日本《投資法人法》之立法方式，即日本《投資法人法》為一般規範，並無不動產之定義及特殊限制，而是透過子法施行令不斷擴充允許投資的資產標的，使基金法規可因應市場需求及發展彈性調整，我國正值修法之際，考量各種另類投資興盛，亦應避免法律規範或定義過於狹隘，而妨礙實務發展，我國可於法律授權主管機關於子法進行標的範圍及限制，主管機關可以視業界需求及實務運作情況調整標的範圍之規範。

而且日本基礎設施基金之成功，多繫於再生能源集團設立基金並擔任資產運用業，並運用資源確保電廠標的之來源，基於再生能源集團之參與管理，基礎設施基金始可能持續茁壯。目前基金型REITs之不動產投信，亦有參考國外經驗，導入不動產專業股東之設計，展望未來，考量不動產

專業與綠能投資及管理之專業有別，且綠能電廠的投資更為活潑，我國如有意發展基礎設施基金，有關投信執照及相關法規亦應再思考規劃放寬，導入綠能專業之投信制度，鼓勵再生能源集團跨業合作及發展。此外，日後就綠能電廠相關之基礎設施基金之資產管理與新資產之購入預期將會有許多關係人交易之情況發生，因此借鏡日本之發展經驗，就基金型REITs關係人交易之決策流程，亦可以參考日本基礎設施基金之案例，以促進我國基礎設施基金之發展。

國家圖書館出版品預行編目資料

企業永續發展目標與實踐：從ESG走向SDG之
關鍵／協合國際法律事務所著. 一一初
版.一一臺北市：五南圖書出版股份有限公
司，2024.11
面；　公分
ISBN 978-626-393-875-5（平裝）

1.CST: 企業管理　2.CST: 永續發展

494　　　　　　　　113016064

4U41

企業永續發展目標與實踐
從ESG走向SDG之關鍵

作　　　者 — 協合國際法律事務所（447）

編輯主編 — 劉靜芬

文字校對 — 黃郁婷、李孝怡

封面設計 — 封怡彤

出　版　者 — 五南圖書出版股份有限公司

發　行　人 — 楊榮川

總　經　理 — 楊士清

總　編　輯 — 楊秀麗

地　　　址：106臺北市大安區和平東路二段339號4樓

電　　　話：(02)2705-5066

網　　　址：https://www.wunan.com.tw

電子郵件：wunan@wunan.com.tw

劃撥帳號：01068953

戶　　　名：五南圖書出版股份有限公司

法律顧問　林勝安律師

出版日期　2024年11月初版一刷

定　　　價　新臺幣380元